生存科学シリーズ 5

地域の生存と農業知財

澁澤　栄
企画

澁澤　栄／福井　隆／正林真之
著

東京農工大学 生存科学研究拠点
編集

公人の友社

目次

はじめに「ラーニング・コモンズ」参考文献 …… 3

第1章 情報探索の基礎的知識（総論）

1-1 情報探索の基礎的知識 …… 4
1-2 知っておきたい基本用語 …… 7

第2章 ひろがる情報探索の基礎的知識（各論）

はじめに …… 11
2-1 図書の探索と情報の入手 …… 16
2-2 雑誌の探索と情報の入手 …… 16
2-3 Eジャーナルの活用と「情報検索」 …… 17
2-4 新聞記事の探索とニュース …… 24
2-5 事典類の探索と情報の入手 …… 28

「生存科学シリーズ」刊行によせて

国連「気候変動に関する政府間パネル」（ＩＰＣＣ）は「気候変動二〇〇七―自然科学の論拠」という報告書（二〇〇七・二・二）で、「地球温暖化の原因の九〇％は人間活動による」と明言し、「一〇〇年後には、高成長社会が続く最悪のシナリオで、世界の平均気温が六・四℃上昇」、また「持続発展型社会に移行する最低のシナリオでも二・九℃の上昇」と発表しました。過去一〇〇年で〇・七四℃上昇したために今日の「異常気象」が引き起こされたことを考えると、今後起こりうる気候変動は、まさに計り知れないものがあります。米国元副大統領ゴア氏が作成した映画「不都合な真実」の上映とあいまって、近年の異常気象に関する一般市民の関心は急速に高まっています。二〇世紀の目覚しい発展を支えた化石燃料の大量使用によるグローバリゼーションと大量生産・大量消費、徹底した省力化などのつけが、化石燃料由来の二酸化炭素の大幅削減という文字通り人類生存にとって〝待ったなし〟の課題を私たちにつきつけるにいたったのです。

東京農工大学の二一世紀ＣＯＥ「生存科学」プログラムでは、上で述べた地球温暖化による「環境危機」、温暖化対策と石油枯渇のダブルパンチとしての「エネルギー危機」、気候変動、人口の急増、水・土地等農業生産資源の枯渇に伴う「食糧危機」、そして地球規模の市場経済化により加速されつつある「地域社会の危機」を、「４つの危機」として捉えています。これらの危機は、バイオマスをめぐる食糧生産とエネルギー生産の競合にみられるように、相互に深く関連したグローバルな危機です。

しかし、危機は、具体的には「複合危機」の形で都市、農村、流域などの「地域」に姿を現します。これらの危機が人々の活動の集積として発生している以上、それに対する挑戦は、まさに"Think Global. Act Local."の標語にあるように、世界中の「地域からの挑戦」に翻訳されなければならないでしょう。

これまで個別分野ごとに縦割りで発展し、かつ二〇世紀の科学技術社会作りを担ってきた科学・工学・農学の多くの分野は、いま、グローバルな危機についても地域の危機についても、十分な力を発揮できずにいます。「生存科学」の試みは、そのような科学技術の現状を打破する試みであり、人類と地球の生存をかけて、危機への地域からの挑戦を、人々とともに設計し実現する、新たな横断的領域、「人類生存のための文明制御学」の構築の試みです。私たちは二〇〇二年以来、地域社会の自然、農林商工業の営み、暮らしの現況等にあらためて学び、地元、NPO、自治体、産業界、国など様々な人々との連携の中で、科学技術を鍛え直す取り組みを行ってきました。

「生存科学シリーズ」は、二一世紀COE〝生存科学〟プログラムの成果を、これまで各界で共に支えてくださった方々への感謝の意をこめて、ブックレット=肩のこらない専門書という形で広く一般市民にお返しするものです。

本シリーズが多くの皆様にご愛読いただけ、手ごろな勉強会のテキストなどとしても活用されることを期待しております。

二〇〇七年二月　吉日

千賀裕太郎・堀尾正靭

第１章　農産物の知的財産保護

澁澤　栄（東京農工大学）

１-１　迫られる農産物の知的財産保護

大学院の授業風景から紹介することにしよう。

二〇〇五年十一月三〇日、筆者が担当する「精密ほ場管理学特論」で一人の学生が宿題のレポートを発表した。テーマは、カナダの遺伝子組み換え菜種訴訟について調べて発表せよ、である。

学生の報告した訴訟内容は大略次のようであった。

モンサント社が、除草剤のラウンドアップに耐性をもつ遺伝子組み換え品種「ラウンドアップ・レディ」を開発した。ラウンドアップ・レディは食用油をとる菜種作物（カノーラ種）で、モンサント社が特許を取得している。

一九九八年、モンサント・カナダ社が、サスカチュワン州ブルーノ村にあるパーシー・シュマイザー氏の農場で同社のラウンドアップ・レディを発見し、違法な無許可栽培だとして二〇〇〇年六月に同氏に損害賠償を請求した。

シュマイザー氏は、四〇年以上にわたって自家採種による種子改良をしており、また除草剤のラウンドアップも使用しておらず、故意に栽培した覚えはないと主張した。偶然に近隣からその花粉が飛ばされてきたのだろうと主張、そもそも自然物である作物の種子で特許をとる権利があるのか、と法廷に疑問を投げかけた。

モンサント社は、サンプルのDNA判定結果を根拠にして、シュマイザー氏の農場から収穫されたカノーラ種の九〇%がラウンドアップ・レディであり、偶然にしては栽培量が多すぎると主張した。

下級裁判では、シュマイザー氏が敗訴し、賠償金約二万ドルとモンサント社の訴訟費用一五万ドルの支払いが命ぜられた。二〇〇四年五月の最高裁では、五対四の僅差でモンサント社の主張が認められた。カナダの法律では、高度な生物の特許取得は禁じられており、モンサント社の特許の合法性も問われたが、法廷は合法との判断を下した。

報告が終わると、教室の中は緊張した静寂に包まれた。農法の五大要素（作物、ほ場、技術、地域システム、動機）のうちの二つ、作物と技術が、モンサント社の特許で占有され、農民の長年にわたる努力で築きあげた農法が、法律を盾にして奪われたのである。

この教材には、まだ掘り下げなければならない重要な問題が潜んでいる。

①まず新品種「育成者権」の問題である。モンサント社は、シュマイザー農場の作物から同社所有の遺伝子が発見されたので特許権侵害と主張したが、シュマイザー氏は、自然交配などを通じて、モンサント社の遺伝子組み換え種により育種農場が汚染され、自家採取による品種「育成者権」が侵害されたと主張した。さらに、特許の有効期限は二〇年程度であり、その期限が切れると、品種保護などへの投資の動機がなくなる。しかし伝統的な自家育種作業は数十年に及び、農法の継続的な発展と不可欠に結びついている。果たして、ＤＮＡという生体高分子のみを対象にして、新品種の育成という営みの独占権を与えてよいものだろうか。

②シュマイザー農場の「遺伝子汚染」の扱いは、きわめて高度な問題である。自然交配する新品種は、必ず同系の植物種に遺伝子を拡散させる特性をもち、通常の農場でその拡散を阻止するのは不可能である。従って、自家採種による自然適応型のゆっくりとした品種改良も可能なのである。すなわち、自然現象としての遺伝子拡散を知的財産の一部として主張することができるかという問題と、遺伝子「汚染」された農場の原状回復責任を誰が負うのかという問題が、隣り合わせに存在してい

るのである。

③結局、シュマイザー氏は自家採種による栽培を禁止され、購入種子に頼らねばならなくなった。この判例を農産物特許の模範とすると、かつての産業革命時に多数の農民を追い出した「囲い込み」運動のような情景が見えてくるのは、私だけではないだろう。農業に関わる知的財産を理解し判断する新しい文脈が求められているのではないだろうか。

④モンサント社のみならず、遺伝子組み換えによる種子特許などを取得している企業は、企業側の権利主張が認められたとして、むしろこの判例を歓迎している節がある。ここで問題だが、企業を主人公にした営利活動の対象として農産物の知的財産を扱うと、農民との摩擦が不可避になるのだろうか。

本書では、農業や農産物に関わる知的財産を「農業知財」と略称するが、このような複雑な問題を解いていく糸口として、その新しい定義や運用のしくみを農業知財の創造現場である地域の実情に即して考えてみることにする。

読者もご存じだと思うが、最近では、優良品種が違法に海外へ持ち出されて栽培・逆輸入され、また農産物の偽装表示が横行して市場の信頼が傷つけられている。日本の優良な農業技術や特産物の価値が侵害されているのである。しかし、その対策をとろうとしても、次のような問題に直面する。

（1）農業生産者や関係者に「知財」の知識や経験が少なく、知財保護の意識がない。
（2）農業知財の実務相談窓口がなく、またこれを専門とする弁理士も少ない。
（3）農業生産者は資本力が弱く、研究・開発・申請の資金を用意できない。
（4）制約がないと、資本力のある企業が地域特産の農業知財を無断取得・活用してしまう。
（5）「地域」による過度な知財独占は、全国的な技術革新と普及を阻害するおそれがある。
（6）知財の無断盗用に対する監視や罰則の制度が弱く、知財保護の動機を高めにくい。

農業知財のあり方は、その国の農業や農産物のあり方、そして生活や文化のあり方に深く関わっている。農業知財が健全に活かされる新しい文脈の探索は、本書が扱う重要な課題の一つである。

１－２　農林水産省知的財産戦略本部

農業知財に関わる最も重大な「事件」は、農林水産省に知的財産戦略本部が設置され（二〇〇六年二月二三日）、大臣官房に知的財産戦略チームが組織されたことであろう。農業知財が、民間レベルの技術開発や営利活動の範囲を超え、国家による推進政策の課題として位置づけられたことを意味する。

農業知財には、品種の育成者権のほかに、知的財産の対象である特許、意匠、商標、著作権、地理的表示の保護、営業秘密が含まれる。知的財産戦略本部では、同年六月二日付けで、これらの農業知財に対する課題や対応方向を示した。これは、日本の食や農のあり方をめぐる諸問題の大きな枠組みをつくることにもなるので、改めてその概要をまとめておく。

植物新品種の育成者権の保護・活用

①**育成者権の取得促進**：二〇一〇年度には年間出願件数二〇〇〇件（〇五年度は一三八五件）を超えることを目標とし、審査期間を〇八年度までに世界最速水準の二・五年に短縮、海外での権利取得の促進のためEUや中国および韓国などとの審査協力の推進を図る。

②**育成者権侵害対策の強化**：品種保護Gメンの増員、権利侵害に対する相談活動、品種類似性試験の実施、DNA品種識別技術の実用化促進、アジア諸国に対する品種保護制度の整備・充実、運用改善の働きかけを進める。

③**植物新品種の保護と活用に関する総合戦略の検討**：権利侵害に対しより有効で使いやすい制度とするため、侵害事実認定の容易化、他の知的財産法とのバランスの取れた罰則のあり方、海外での育成者権の戦略的な許諾方法などを検討する。

家畜の遺伝資源の保護対策

①**家畜遺伝資源の保護**：和牛の遺伝資源保護に関わる戦略的特許の取得と活用、和牛精液の流通管理体制の整備、和牛表示の厳格化とわかりやすい表示を行う。

②**ＤＮＡ品種判別技術の開発**：国産牛肉のＤＮＡ品種識別技術の開発や、国産牛肉と豪州産牛肉の識別精度の向上のための研究推進とマニュアルを作成する。

地域ブランドの確立

①**地域団体商標制度の啓発・普及**：特許庁など関係府省との連携、活用事例やビジネスモデルの提示などを通じて、制度の啓発・普及を図る。

②**地域ブランド確立への支援**：ブランド戦略の策定やビジネスモデル、食料産業クラスター協議会の形成、研修会開催、アドバイザー派遣、普及組織による支援、表彰の実施、全国フェアの開催など、多様な活動を支援する。

③**消費者の信頼の向上**：ＪＡＳ法による表示の適正化など法令遵守の徹底、地域ブランド表示基準の整備・普及、外食事業者による原産地表示の促進を行う。

特許など技術移転による新需要の創造

①**機能性食品・新素材などの新たな需要開発と産地育成**：ゲノム研究の促進、革新的な品種・技術の知的財産権活用、機能性食品や新素材を核とした市場開拓、原料生産の産地形成を促進する。

②**知的財産権の取得及び利活用の促進**：今後五年間で、特許出願九〇〇件以上、品種登録出願一五〇件以上を目標、農林水産大臣認定ＴＬＯ（技術移転機関）の活動強化を図る。

知的財産に関する情報活用、普及啓発と人材育成

①知的財産情報の集積・活用促進

②普及指導員の知的財産権の保護・活用に関する指導力向上・活動強化

③地域活性化に向けた知的財産活用のための人材育成

④登録品種表示マーク（ＰＶＰマーク）などの普及啓発促進

⑤農業高校、大学、農業大学校など学校教育との連携

⑥研究者に対する知的財産についての意識の啓発

推進体制の整備

①「専門家会議（仮称）」を設置する。

②効率的・効果的・総合的な推進体制を構築する。

第2章　農法からみた農産物の知的財産権

澁澤　栄（東京農工大学）

はじめに

知的財産権は、かつては工業所有権ともいわれ、営利活動を目的にした特許などの独占使用権を基軸に構成されている。

それに対して、農業技術あるいは農法は、「自然の恵みを拝借する」技術の体系と理解され、製品である農産物が自然物なので、特許の対象にはなりにくかった。むしろ、現在でも地方自治体には農業改良普及員の制度があり、農業協同組合でも営農指導員がいるように、新しい知識や技術を共有することが地域農業の発展に有効であると考えられてきた。

本当にそうだろうか。現実を直視すると、現代農業は特許で保護された技術、すなわち農薬、化学肥料、農業機械、作物診断装置、環境制御装置などの技術なしには成り立たないことがわかる。いわば、自然を相手にして、無限の時間と労力をかけて維持発展させなければならない農業が、有効期限つきの特許技術で支えられているようなものである。

知的財産権の農業分野への拡張は、「農業の工業化」の最も象徴的な出来事である。すると、あらためて、知的財産として農法や農産物を捉え直す必要がある。このような場合、通常は、工業分野を基軸にして拡張されてきた知的財産権の農業分野への応用、という講演会のタイトルにもふさわしいアプローチがとられる。しかし、ここでは、農法や農産物の新解釈を通じて「農業知財」のあり方を考察してみることにする。

２−１　農法の五大要素を記録すること

農業知財の新解釈

まず農業知財の解釈を述べておくことにしよう。一種の作業仮説である。

農業知財とは、農産物の原料や材料およびその製法と販売に関わる全ての知識、技法、技術、さらにそのしくみの全体を対象とし、人間活動により新たに創造し付加された部分である。農業知財には、登録品種、商標、意匠、特許、ブランド、GAP[1]（Good Agricultural Practice：適性農業規範）などの農場管理に関わる各種認証のほか、営業秘密に相当する非公開の篤農技術なども含まれる。

したがって、農産物を農業知財の対象として理解するためには、農産物の製造プロセス全体を正確に記述することが必要になる。また、その独創性や他者との違いを説明するための論理あるいは文脈をつくることが農業知財を主張するときの基礎になる。

この農産物製造プロセスの中の基本が、土づくりから始まる農法である。

このように述べると、農法研究者や博識の知識人は違和感を覚えるに違いない。確かに、農法とは、ある一定の地域や栽培作物などに共通した、地力維持と生産性向上のための技術体系あるいは技術運用のしくみと理解するのが常識なのである。一二世紀あたりにヨーロッパで発明された輪作体系である三圃式農法や農業機械の運用を柱とした機械化農法

1　GAP：農場経営における危害管理、衛生管理、労働者福祉、説明責任などの継続的改善努力のしくみを第三者機関により審査認証する制度のこと。

ヨーロッパのユーレップGAPが国際基準として最初に動き始め、後続する日本のJGAPや中国のチャイナGAPが国際基準をめざしている。管理作業の克明な記録と厳格な法令遵守が求められる。

などは、その代表例である。ほ場で育つ作物の収量を増大し品質を高めることが、農法のゴールであった時代は、それでよかったのだろう。だから、農産物の加工や輸送方法などは「ポストハーベスト」技術といい、農法から切り離されていた。

本書の立場は全く異なる。店頭に並べられる商品としての農産物を持続的に製造し供給するためのしくみを農法といい、冒頭に述べた農業知財とオーバーラップしている。

農法の五大要素

農法は、**図2―1**に示すように次の五大要素から構成されている。

①**作物**：品種、姿勢や花序などの発現形、耐寒性とか耐病性あるいは多肥多収性や早晩性などの環境応答特性、発育・病虫害などの診断方法、市場性などの仕様が決まり、農法構成要素として「作物」が農法に組み込まれる。種子を購入しただけでは、農法の構成要素にはならない。

②**ほ場**：土壌の組成や物理的・化学的・生物的な特性、ほ場の形やサイズ、分散状態や利用形態、栽培や土壌改良などの履歴、潅漑や温室などの施設設備、気候や気象条件など、ほ場の利用に関わる制約が正確に定義されて、ほ場は農法構成要素になる。

③**技術**：生育診断や肥培管理法など、人間による運用方法に重要な機能性があるソフト技術と、農業

機械や施設構造物に代表されるように、その装置自体に予定された機能が組み込まれているハード技術がある。ハード技術は簡単に変更できないので、農法変革に対する障害となる場合もあれば、逆に農法革新を決定づけることにもなる。

④**農家の動機**：気分や感情、嗜好、家系、経営戦略などの農家個人の特性であり、技術にばかり着目すると無視されがちだが、実は農法を決定する主体である。

⑤**地域システム**：農業政策、農協などの諸団体、市場へのアクセス方法、技術普及のしくみなど、経営体の代謝活動

図２－１　精密農業技術による農法を記録する構想

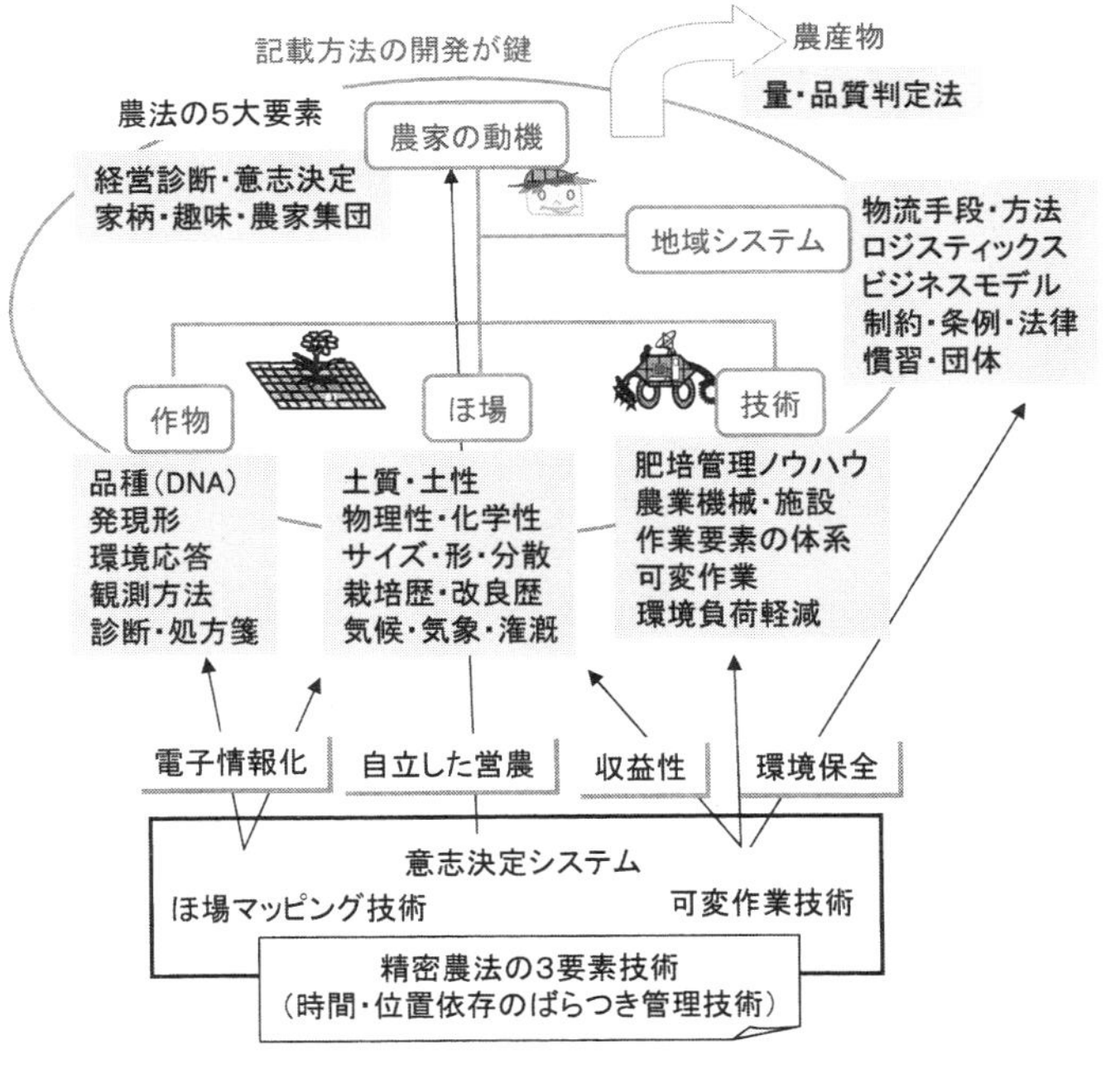

を支え、かつ制約条件を与える、地域の経済・社会・文化の基本的枠組みをいう。時には産地間競争の勝敗を決定する要素である。

農法の五大要素のそれぞれは、より細かな単位作業の組み合わせで構成されており、それぞれが互いに重層的な関係をもっている。たとえば、ほ場サイズの変更は、土壌条件などの「ほ場」要素の変更のみならず、作物選択や適応技術、あるいは新規市場開拓や経営判断の基準の変更など、全ての要素が変化し、また意識的に再構成しなければ、農法としての統一性が保てなくなる。

ここで、品種の変更、すなわち、新たなＤＮＡの無断侵入を想定していただきたい。思考実験ではあるが、第一章で取り上げた、カナダの遺伝子組み換え菜種訴訟を想定し、農産物と農法のオリジナリティを主張するにはどうしたらよいか、読者と一緒に考えてみたい。

最初の作業は、まず、第三者を説得できる説明の根拠資料を作ることであろう。すなわち、農法の記録である。農法の記録は、判断ないし意思決定のためのデータの文脈化という目標があって初めて意味をもつ。少し道草になるが情報と知のレベルの関係を紹介しておく。

情報と知のレベル

「データ（data）」は、数値や事実の集まりであり、「情報（information）」は、ある基準などをもとにしてデータに意味をもたせたものである。広い意味では両者を情報と分類してもよい。「知識（knowledge）」はデータと情報の利用方法の集まり、「知恵（wisdom）」は知識そのものを創造するレベルの高い知の集まりである。

データと情報は人々から離れて客観的に存在することができるので、コンピュータなどで扱うことができるが、知識と知恵は人間個人の活動に属するものであり、「決断」あるいは「意思決定」を行う知のレベルである。

たとえば「1234」という数字が書いてあるカードはデータであり、それが「当たりくじ」という意味をもてば情報になる。当たりくじを換金しようという意思決定は、情報の文脈化という知識レベルの行為になり、さらにこのようなしくみを真似して「おもしろいくじを創ろう」というのは、文脈と知識の創造（模倣）という知恵レベルの行為になる。

重要なことは、データと情報で構成される「文脈（context）」の中で知識による「判断」が意味をもつのであり、「文脈」のないところでの「判断」は何も意味をもたない。ここで「文脈」とは、事実とその意味合いから構成されるある特定の状況をいい、データと情報が整理されてある意味をもたされたものをいう。同じデータを用いても、情報が異なる場合は別の文脈が構成される。

作物を栽培する場合、気象や土壌肥沃度あるいは作物の状態などを表す「データ」、病害虫の発生しやすさとか作況指数などの「情報」、栽培ごよみとか肥培管理マニュアルなどの「知識」、そして「あの畑のあの場所にはこの程度の肥料がいい」という類の「知恵」など、情報と知の文脈化が見事になされている例がたくさんある。

文脈構成を判断する「農家の動機」が、農法を記録する場合に最も重要な農法要素であることがおわかりいただけただろうか。

精密農業の作業サイクル

さて、農法のプロトコル（農作業の規範）を正確に記録する強力な手法として、精密農業の作業サイクルを紹介しよう。

精密農業とは、環境負荷軽減や収益性向上など複数の目標（経営理念）を同時に実現するため、土壌や作物あるいは気象条件などの自然資源と経営資源のばらつきを正確に記録し、農業者の経営理解の深化と明晰な判断を支援するための方法論を提供するものである。その本質は、precision thinkingなのだが、適切な日本語訳が見あたらない。これを模式的にほ場管理作業として表現したものが、作業サイクルである。

まず、播種から収穫までの作業手順に沿った時間軸を設け、ほ場あるいはほ場内の位置を空間座標として、観測した土壌・作物・気象情報や作業判断・作業内容などを記録するところから始まる。すると従来にない時間と空間の解像度をもった農業時空情報が蓄積される。これを「情報付きほ場」という。次の栽培シーズンにはこの時空座標付きの情報が、ほ場作業の判断根拠として利用できる。たとえば、作物輪作サイクル分の情報が蓄積されると、農法選択の強力な知的ツールができあがる。

精密農業の作業サイクルを実行する要素技術としては、ほ場マッピング技術、可変作業技術、意思決定支援システムの三つがある。これらを導入すると、農法の五大要素のプロトコルが自動的に記録に残り、要素間の相互依存関係をより強め、また迅速な要素及び要素関係の変更を可能にできる。

2-2　情報付きほ場と情報付き農産物

精密農業の作業サイクルを実行すると、図2-2に示すように、「情報付きほ場」と「情報付き農産物」が誕生する。

「情報付きほ場」は、農法の五大要素の記録集を文脈化したものであり、すなわち、判断の根拠や基準を整理したものであり、一つひとつの農作業を能動的に企画立案できるほか、地域住民への説明責任を果たすことができる。市場競争の営農戦略のみならず、健康や安全性の管理がとくに必要な市民農園や体験農場あるいは地産地消の農業であっても、必須なツールである。

ここで遺伝子組み換え新種の侵入問題を思い出してみよう。情報付きほ場に蓄積された記録を用いれば、たとえ遺伝子組み換えの新種が無断でほ場に侵入したとしても、少なくとも自己責任ではないことが証明できる。精密農業を実行している経営体であることを第三者に認証してもらえれば、その経営体の主張は信頼性を高めるものとなろう。

情報付きほ場の生産物に話題をもどそう。「情報付き農産物」は、情報付きほ場のデータや情報が、出荷時に付加され、流通過程でも参照できるように保持された農産物である。情報付き農産物は、市場への信頼獲得や新規顧客獲得の際の有力な商品であると同時に、流通業者や消費者への説明責任を果たすための基本的なしくみを備えた商品である。

図2－2　情報付きほ場と情報付き農産物

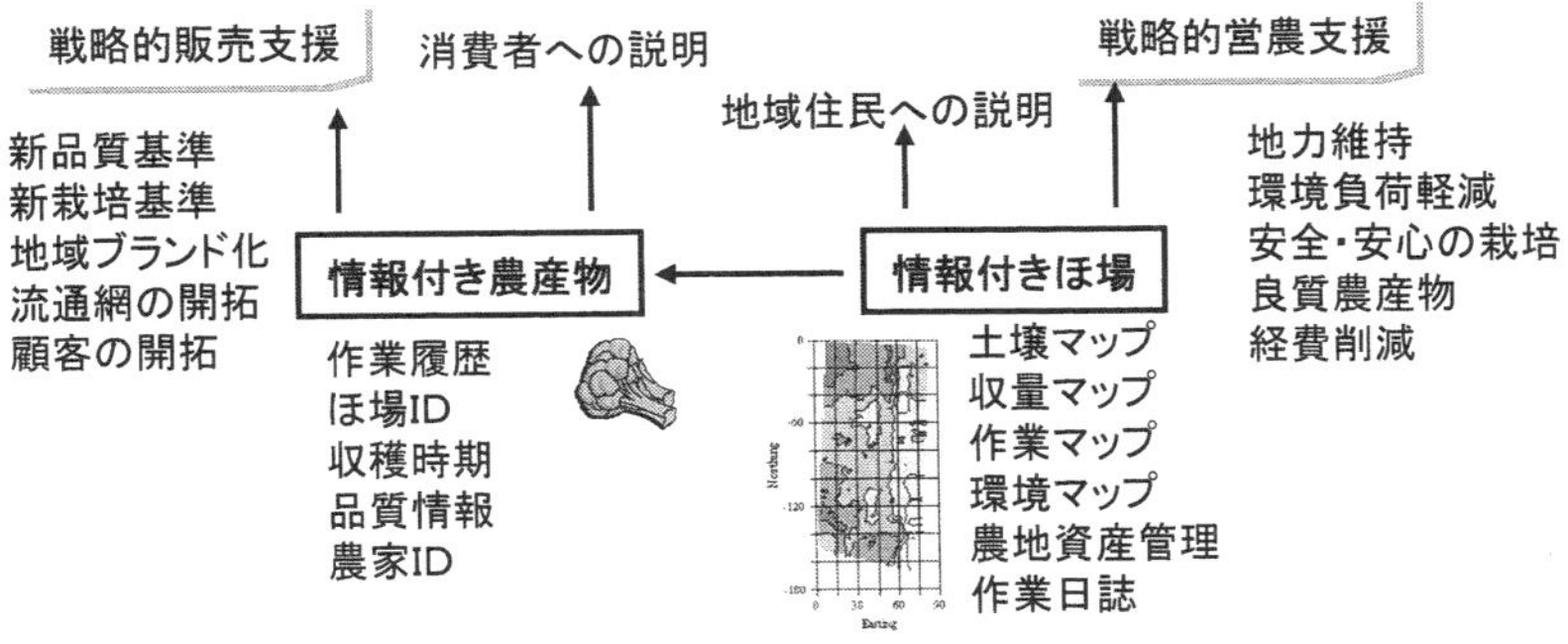

「情報付きほ場」と「情報付き農産物」を蓄積することにより、ほ場管理から店頭での顧客獲得に至るさまざまな流通チャンネルの管理が、記録された「根拠事実」を基礎にして可能になる。

このような精密農業を誰が担うのかが、次の問題である。

精密農業の導入には、農法のとらえ方の変更を伴う。文脈の転換、あるいはパラダイムの転換、別の言葉で言えば農法の革新がポイントであり、その担い手が精密農業を担うことになる。これを知的営農集団とよぶことにしよう。農法の革新には、新技術開発とその運用のしくみが必要であり、これを担う組織を技術プラットホームとよぶ（図2－3）。

知的営農集団は、情報技術を駆使できる先進的な生産者により構成される学習集団であり、農法の五大要素を主体的に再編成し、生産者の組織化やＪＡあるいは自治体との協働作業の中核を担う。知的営農集団は、精密農業の作業サイクルを実行することにより、ほ場管理の作業暦も含む「情報付きほ場」を創造し運用する役割がある。

技術プラットホームは、精密農業の三要素技術（マッピング技術、可変作業技術、意思決定支援システム）を地域のニーズに合わせて開発導入する企業と農産物販売を担う企業から構成される。技術プラットホームにとっては、知的営農集団がユーザーであると同時に利害を共にする協働作業者であり、「情報付きほ場」から誕生した「情報付き農産物」の顧客獲得と流通管理が重要なビジネス課題である。

知的営農集団と技術プラットホームにより形成される精密農業コミュニティには、地域の実情に合わせた地産地消型農業と市場競争型農業の地域ビジョンを作成し、市場ニーズの多様性と小規模多品種の高品位農業を結合する役割がある。

さて、精密農業の導入と運用の主体が知的営農集団と技術プラットホームであることはご理解していただけたと思う。この運用主体に、農法の五大要素の記録を始めとした、あ

図２－３　管理主体としての知的営農集団と技術プラットホーム

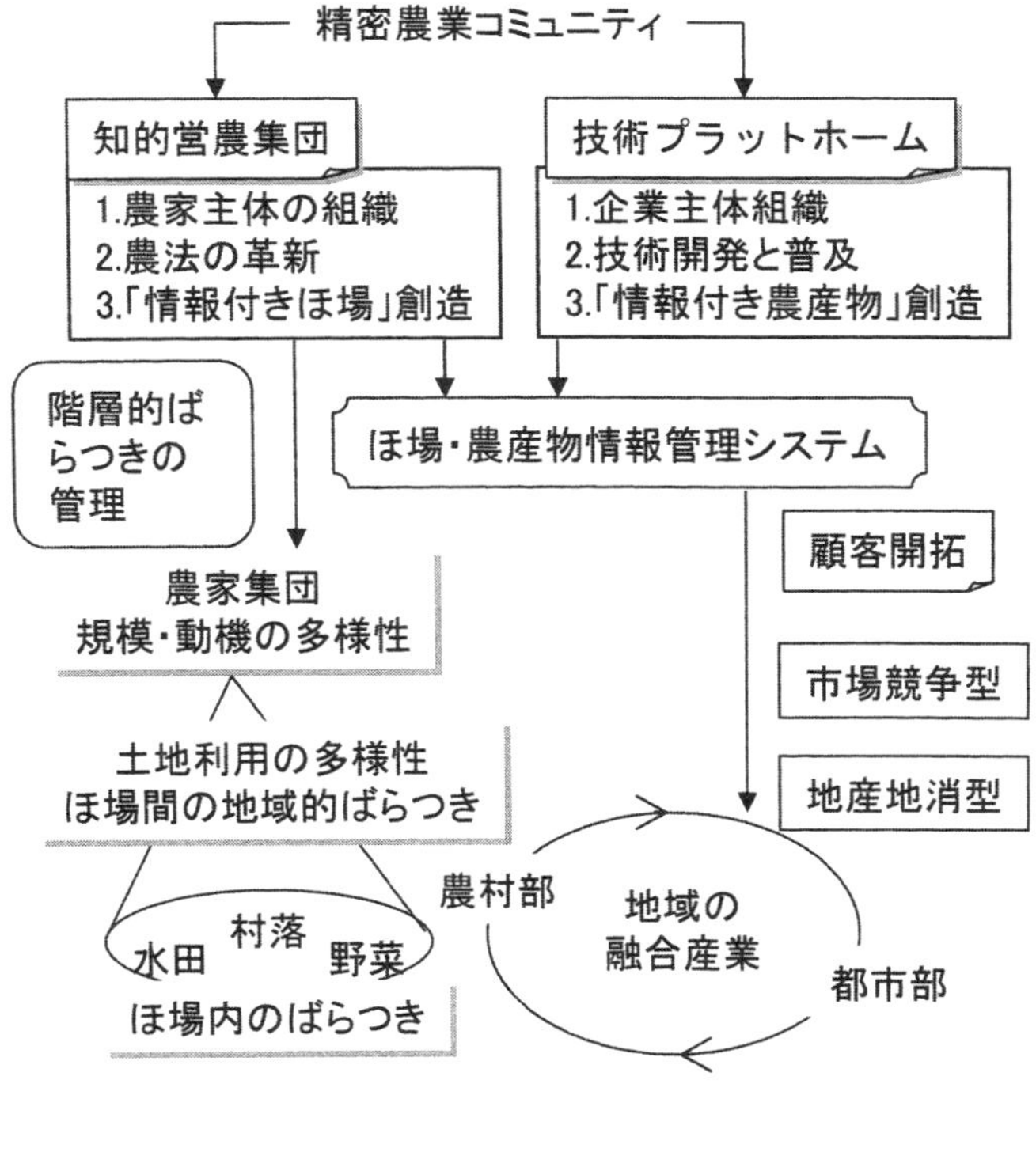

らゆるデータ・情報・知識・知恵が集中することになる。農業知財の宝庫を生産者が手にすることができるのである。しかし、農民や農業者でなくても、精密農業の導入と運用を戦略的に実行すれば、誰でも農業知財の宝庫を手にすることができる。

精密農業も両刃の剣であることを強調しておこう。

2-3 「農法特許」による地域ブランド

ここで「農法特許」の小見出しをつけたのは、農法革新の普及を促進し保護するための特許取得を意識したからである。

また、横道にはずれそうだが、農業の競争力について考えてみよう。一般に、知的財産権を問題にするときは、企業の競争力や産業の競争力を高めることが話題の中心に座るからである。競争力を測るには、単位面積あたりの収量（土地生産性）、単位労働あたりの生産額（労働生産性）、投下資本あたりの収益（資本生産性）、などさまざまな指標があるだろう。一般に、生産コストや流通コストあるいは販売価格を安くすれば、市場競争力、すなわち顧客獲得力が高いとも言われている。

本書の回答を紹介しよう。農業の競争力は顧客獲得力で測られるべきである。コストではない、あるいはコストのみではない、といった方が正確に伝わるだろう。

もう少していねいに説明すると、農業の競争力とは生産・流通・消費のプロセス全てを含む農産物の生産と供給のしくみの、総合力によって測られるべきである。小規模農業であっても、生産・流通・消費のしくみが無駄なく組織され、品質と価格のバランスがよければ、国際市場で高い競争力をもつことができる。むやみに規模拡大や先端技術導入をしたところで、その農産物が消費者に受け入れられなければ、破産である。

ではこれから農法特許による地域ブランド支援の話題にうつる。読者は、次の話題が地域ブランドを守る話題から相当距離のあることに疑問をもつかもしれないが、実は最も基本的な視点を提供することに気づくだろう。

一九九七年、国内外のパテント情報を収集し、いわゆるパテントマップを作成した。そして、一枚のほ場から数百点の土中情報をリアルタイムに収集して地図情報に落とす装置技術が未完であり、特許の

図２－４　情報付きほ場作成のための特許出願例

情報付きほ場のためのリアルタイム土壌センサー

特願平10-108862　作業決定支援システム
特願2000-604663　土壌特性測定システム
特願2001-509986　土壌センサーの運用システム
特願2001-322755　土壌特性データ処理方法
特願2002-169192　新しい土壌特性観測装置

農工大ＴＬＯ所有

↓

民間にライセンシング
実用化

空白であることを発見した。つまり、精密農業技術の後進国でありながら、精密農業の中心技術であるリアルタイム土壌センサーを国産技術として製造できる可能性が残されていたのである。

この発見には、共同研究企業であるオムロンの知財担当の貢献がきわめて大きかった。そこで、情報付きほ場のための基盤技術として、リアルタイム土壌センサーをオムロンと共同開発するとともに、それに先行して特許の取得を進めた（図2－4）。特許の内容には、装置の構造や機能ばかりでなく、情報付きほ場による農作業意思決定支援システムや土壌情報サービスシステムなどのビジネスモデルを系統的に組み込んだ。国産技術であるリアルタイム土壌センサーで作成したそれぞれのほ場の土壌マップは、それ自体が日本独特なもの、地域独特なものであり、「畑の指紋」でもある。農業知財の対象にならないはずはなかろう。少なくとも、地域ブランドの根拠データとして利用できるはずである。しかし残念ながら、まだその実

図２－５　情報付き農産物作成のための特許出願例

情報付き農産物のための選果ロボット

特願2002-336358　階層的情報管理システム
特願2002-294430　精密農法情報管理システム
特願2002-371654　農産物評価システム
特願2003-82038　移動式農産物収穫装置
特願2003-103864　移動式農産物収穫装置

共同研究
企業と共同出願

施例はない。

図２‐５には、情報付き農産物を創造する基盤技術としての選果ロボット開発と特許申請の例を示した。おそらく日本と韓国くらいしかないような、細かな品質評価基準とそれに呼応した販売価格、生産・流通・小売の各関係者が抜け駆けや偽善を互いに監視しながら維持する独特な農産物市場システム、このシステムが要求し選択した先端技術が選果ロボットである。申請特許の内容は、ほ場を移動しながら、農産物の一つひとつに対して、収穫した位置と時間、病虫害の有無、品質と等級などを計測判定し、ほ場マップを作成し、かつ個々の農産物に情報を付加していくロボット機構が中心である。さらに、情報付き農産物の流通管理や在庫管理などのビジネスモデルも組み込まれている。

この国産技術を有効に活用すれば、特産品のブランディングやトレーサビリティ、安心と安全などの問題が一挙に解決できるのである。しかしまだ、本格的な活用

図２－６　農法の情報化による特許取得の戦略

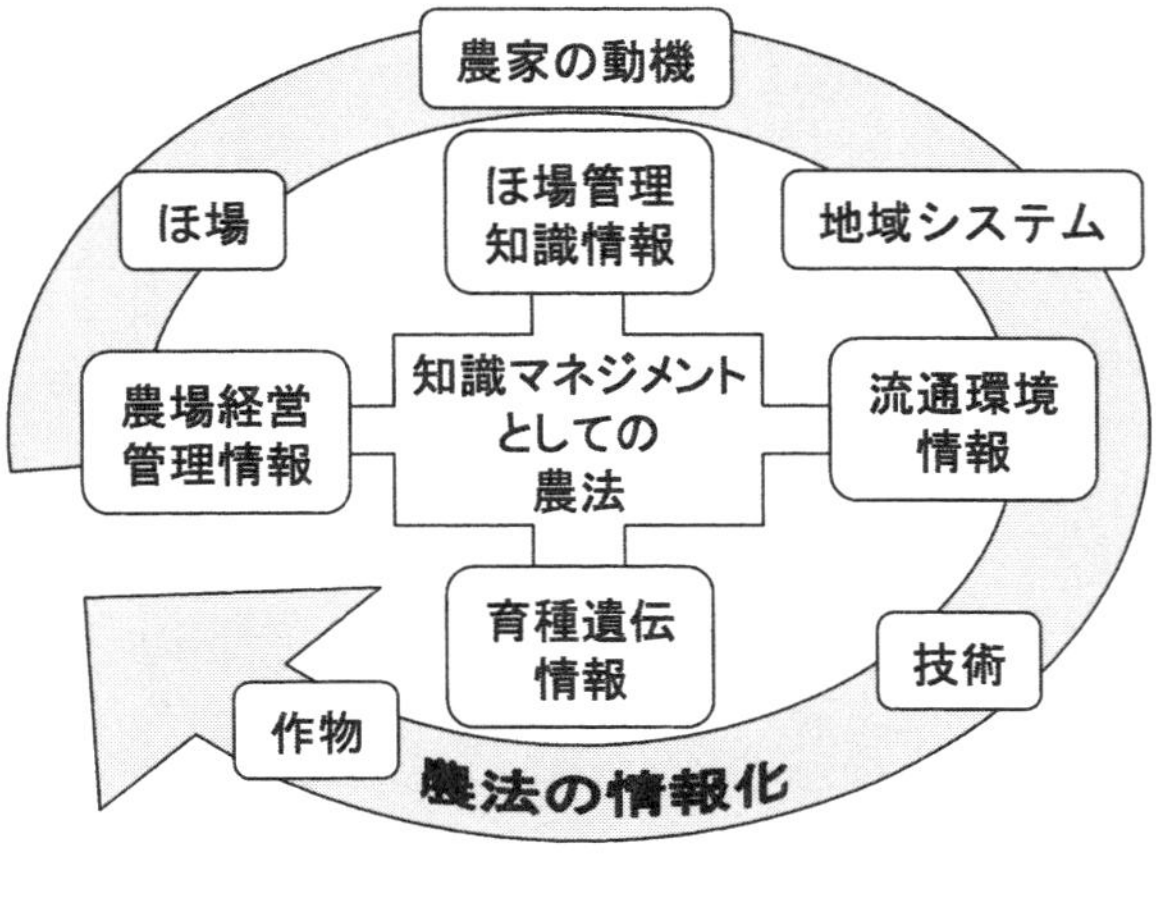

をめざす経験はない。

選果ロボットと光センサー選果機（選果作業の自動化）は全く異なる文脈で位置づけられる技術なのだが、現実には混同していることが多い。このパラダイムの転換を受け入れるには、もっと時間が必要なのだろう。

まだ思考実験の最中なので、農法全体を対象にした知財戦略の方向だけでも紹介しよう（図2－6）。農法の五大要素が記録されると、プロトコル（作業規範）が明瞭になる。農法の情報化である。改めて情報化された農法を見つめると、いくつか類型化が可能である。種苗法の対象になる「育種遺伝情報」、農業ロボットなどの特許が重視される「ほ場管理知識情報」、市場競争ビジネスモデルや税関管理が重要になる「流通環境情報」、商標や意匠あるいは地理的表示や営業秘密などが重要になる「農場経営管理情報」である。

農法は経営理念の実現のための処方箋でもあるので、類型化された情報を用いて、起承転結の物語（シナリオ）や判断の基準が提供されねばならないだろう。すなわち、情報と知のレベルにおける「知識」の段階、つまり、情報の文脈化の作業あるいは知識マネジメントが農法の主題になってくる。いわば「農法知財学」である。

類型化されたそれぞれの情報の構造化は、別の機会に検討することにする。

２－４　ＩＴと特許による特産品の保護

「本庄トキメキ野菜」は、本庄精密農法研究会が新たに創った野菜ブランドである。本庄精密農法研究会は、精密農業を地域に導入しようという本庄市野菜農家の学習グループで、入会資格はエコファーマー認証をもち、かつ電子メールとインターネットが利用できることとなっている。もともと肥沃な土壌や天候に恵まれ、洗練された栽培技術により生産した高品位な本庄野菜を差別化して販売することに注目していた。そして本庄地域全体のブランド化をめざしていた。欠けていたのは、顧客と情報を共有するしくみであった。

そこで、新しく「情報付き農産物」生産のしくみ

図２－７　地域ブランド「本庄トキメキ野菜」の特許出願例

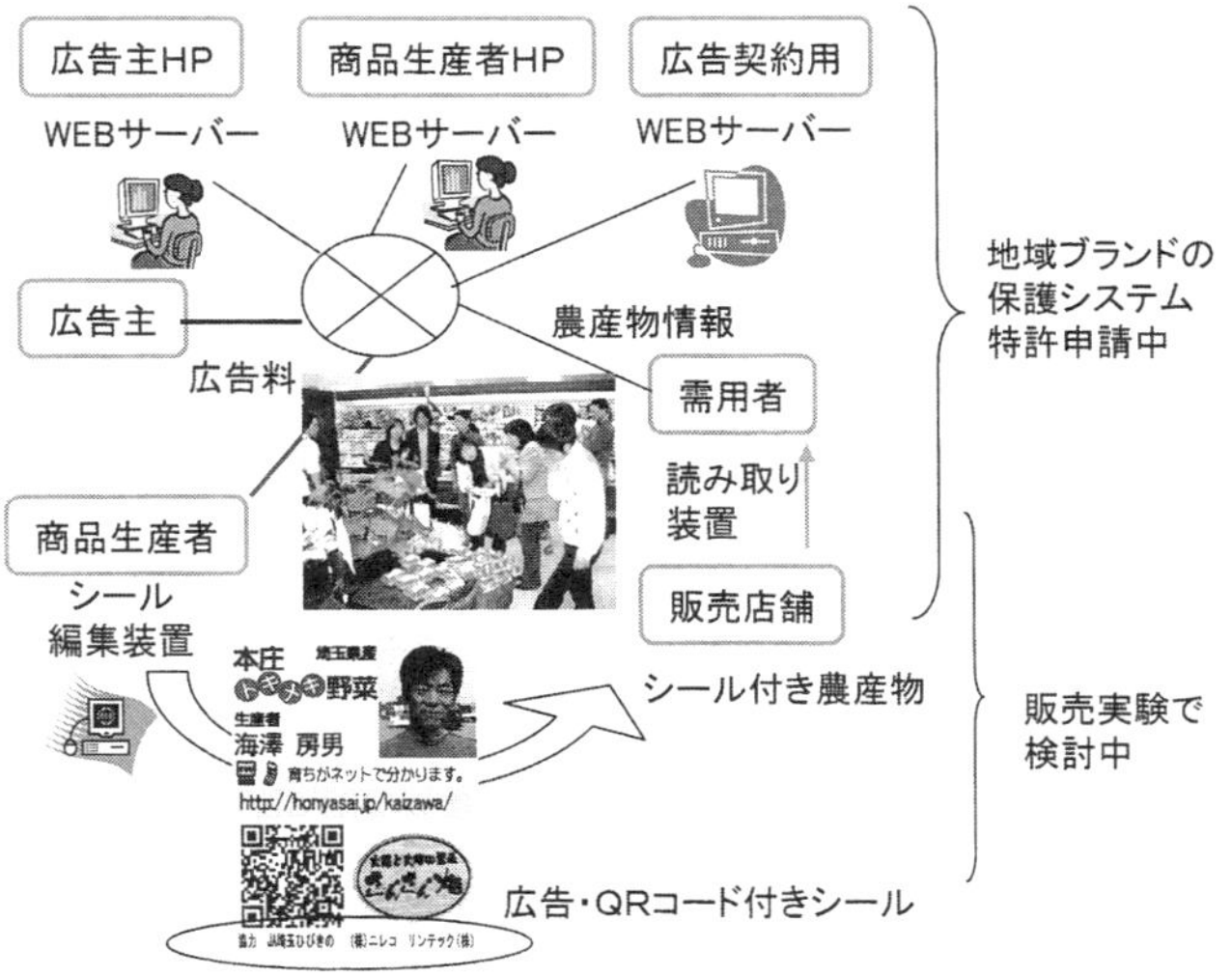

を考え出した。すなわち生産者のホームページには、栽培日誌が毎日書き込まれ、また残留農薬など、生産者と顧客の共通した関心事については学習会を開き、ホームページに学習成果を掲載する。同時にQRコード付き情報タグを生産現場で編集し、その場で個々の農産物に付加する（図2-7）。

店頭でそのQRコードをカメラ付き携帯電話で読むと、顧客は生産者のホームページを閲覧でき、希望する生産情報を見ることができ、また顧客との対話も強化した。一方、「本庄トキメキ野菜」を通して組織される人々を対象にした広告主を募集し、広告料によって情報タグを付加する特許を出願した。このしくみを通じて生産される農産物を「本庄トキメキ野菜」と名乗ることにした。この取り組みは、農法五大要素の「地域システム」に着目した情報化と農業知財保護をめざした社会実験でもある。

【文献】

（1）澁澤　栄（編著）『精密農業』朝倉書店、二〇〇六
（2）澁澤　栄「精密農業と知財による特産品の保護」『農業と経済』昭和堂、七二巻十二月号、二〇〇六
（3）澁澤　栄「知的財産が農産物の競争力を高める」『公庫月報ＡＦＣフォーラム』農林漁業金融公庫、九月号、二〇〇六

第3章　薄氷を踏む地域ブランドと知的財産権

福井　隆（東京農工大学客員教授）

3－1　地域ブランドの現状と課題

二〇〇五年四月一日、商標法の改正によって「地域団体商標」の取得が一定の要件の下で認められることになった。これは、法人格をもつ組合などに「地域団体商標」の登録を認め、その商標を使用していた第三者の営業活動の支障とならないよう、商標権の効力について一定の制限を設ける、というものである。二〇〇六年十月現在この「地域団体商標」の登録申請が六一五件に上っており、同時に十一月時点で特許庁によって登録査定された件数が七四件となっている。その中でも、京都府のように数十件もの申請を行っている地域もあり、地域による温度差はあるものの、地域の名称を利用した商標への期待が高まってきている。

しかし、実際の日本の農林水産物生産・販売の現場状況について調べると、期待とは裏腹に知的財産権に対する知識が低く経験が乏しい状況や支援体制も弱いことなどが明らかとなってきた。先に調査を行った、二〇〇五年度農林水産省「知的財産権活用状況・方策に関する調査」では、農林水産物の知的財産権の利活用に関する状況は、次のようであった。

全国の自治体（行政組織としての取り組み）における知的財産権の利・活用状況を俯瞰すると、ほとんどの自治体（都道府県）で利・活用が進んでおり、その内容はブランド化の推進、商標権の活用、特許制度の活用などが上位にあがってきている。その内容について詳しくみると、

①特許制度の活用については、約六割の都道府県において活用されている。しかしその多くは、農業関係団体の特許取得であり、加工品の製法特許、病害虫対策の特許、農業生産の機械・装置に関する特許がほとんどで、今後大きな期待がもたれている栽培管理や農法に関する特許はほとんど見られなかった。

②商標や意匠に関しての活用は、商標で七割と活用されているのに対し、意匠は一割以下の活用状況であった。商標登録の内訳では、農業関係者六割、水産関係者二割、畜産関係者一割強であり、とくに「関アジ・関サバ」の成功に刺激された水産関係者の取り組みが拡大し始めている。

③多くの自治体が積極的に取り組んでいるのが、「ブランド化推進」である。調査によると、八割の自治体がブランド化の推進をうたっており、国の進める「地域ブランド認証制度」や「地域ブランド育成事業」などを積極的に活用し、推進を図っている状況が明らかとなった。

その特徴は、（一）特定の産品に独自の基準を設け地域ブランドとして認定、（二）認定産品を行政と一部民間が協力して販売促進活動を実施、（三）直販所、アンテナショップなどで消費者に直販、（四）有名百貨店などへの販売協賛への営業活動、などである。

ここでわかってきたことは、行政の支援体制は整えられつつあるが、その中身において専門の知識をもったアドバイザー不在の状況がみえ、支援体制が脆弱なことである。とくに、どの地域のブランド化推進の取り組みにおいても他産地との差別化がうたわれているが、その取り組みの内容は、ほとんどの地域で同じようなことが行われているという現実が明らかとなった。

④行政における推進体制は、約四割の自治体で実施体制が整えられているが、知的財産権を専門に支援する部局の設置は、福岡県の「農産物知的財産センター」にみられるような設置事例は少数であった。そのため、担当者の専門知識も乏しく苦労している様子が明らかとなった。

⑤知的財産権推進制度を都道府県独自で作成している割合は、約二割であった。その内容の大半は、ブランド認証制度および職員の職務発明に関する取り扱い規定であった。

多くの都道府県が、知的財産権に関しては取り組みを推進しているが、成果は今後に期待せざるを得ない状況である。同時に、地域団体商標登録への期待の声も多く聞かれた。このような状況を反映してか、知的財産権利活用に関して望むことを聞いたところ、その多くが知的財産権に関する知識の普及啓発への期待を寄せ、権利取得に関する費用負担の低減を望む声が多く聞かれた。また、権利を行使する上での障害となっている偽物対策などの権利侵害防止対策に期待する声も多くあがっている。

次に、全国の知的財産権の利活用状況についての先進事例調査からわかってきた地域ブランドへの取り組み、その現状と課題を示す。

事例1　和歌山県北山村「ジャバラ」の地域ブランド化への取り組み

和歌山県北山村は、面積四八二一ヘクタールのうち九八%が森林に覆われ、人口は五七八人、高齢化率四〇・三%という少子高齢化の進んだ山村である。村内を流れる北山川を利用し用材を下流に運ぶ筏師の村として古くから栄えてきたが、一九六〇年代を境として林業の衰退とともに産業衰亡の危機にさらされている。産業振興の切り札として、七〇年代から始まったのがこの村で栽培されていた固有種の柑橘系果実「ジャバラ」の栽培振興である。七九年に種苗法による品種登録が成立し、村外不出の果樹

写真３－１　収穫を控えたジャバラ果実

として栽培に取り組んだが、残念ながら売れ行きは芳しくなかった。二〇〇〇年度からは、村がほ場を一括管理し、新たにインターネットモールへの出店を行ったところ、二〇〇〇年度の売上が二七〇〇万円であったのに対して、〇四年度には一億七五〇〇万円と大きく売上が拡大し、生産が需要に追いつかない状況となっている。その大きな理由は、「花粉症に効果がある」との口コミであった。この結果、知的財産権に関する問題が表面化し始めた。村では、三〇年以上産業化への取り組みを行い、積極的に地域ブランド化を図ろうとしているが、周辺地域での栽培開始や商標侵害などさまざまな問題が発生し始めている。具体的な問題は下記の通りである。

まず、種苗法による一五年の保護期限が切れ、そのため村外での栽培規制の制限が効かなくなった。

実際、接木によって増やすことが可能なため、近県の苗販売業者が販売を始めている。同時に、県内のJAや三重県の各地域で「ジャバラ」栽培への意欲が高まっており、周辺地域の直販所では販売も行われている。そのため、村独自のブランド化を推進するにあたっての支障となっている。

第二に、商標登録の問題である。現在何らかの形で「ジャバラ」の名称がついた商標が一七事例報告されている。その商標のほとんどが、ジャバラの評判が高まった〇三年以降に申請されたもので、ブームに便乗した登録である。とくに村では「じゃばら」(四五類)という商標を一九五六年に取得しているが、その後「北山じゃばら・COM」という商標を取得した事例などが発生し、対応に苦慮している。同時に、四五類以外の「じゃばら」商標の多くは、当初ジャバラ栽培を積極的に推進した個人が取得しており、その取り扱いについても難しい対応を迫られている(商標取得者から世代が替わってしまっている)。このように、商標権についての錯綜した状況に加え、ブームに乗って商標を無断使用する事例も発生している。

第三に、地域ブランド化を推進する体制の問題である。二〇〇〇年度から、この地域のジャバラ生産について、村役場が一括管理を行ってきた。そのため、現在もジャバラに関するマネジメント全体を役場職員が担っている。すなわち、知的財産権に関する専門的な知識の乏しい職員による運営となっており、それが地域ブランド化を進めるにあたっての弱さとなっている。

事例2　徳島県小豆島内海町「島産オリーブ振興特区と特許を活用した地域振興」

オリーブ特区による農業への企業参入によって、オリーブを利用した新たな特産品の開発が事業化された。温暖な気候で知られる瀬戸内海、小豆島にある内海町ではオリーブ構造特区に指定されたことにより、民間企業の農業参入が可能となり、一万本弱のオリーブの木が一企業によって遊休耕地に栽培され、お茶を中心とした新たな製品が開発・販売されている。この取り組みの中心となっている（株）ヤマヒサは、一九三二年創業の醤油醸造企業である。内海町では、ピーク時二万二〇〇〇人の人口があったが、二〇〇三年度には一万二〇〇〇人と急激な過疎化が進んでおり、同時に農家数も一九六〇年の一九一五戸から二〇〇〇年には二七五戸と、四〇年間に八六％も減少した。このような状況を打破するため、地場産業の醤油・佃煮産業に続く第三の産業として「オリーブ産業」を興すべく、〇三年に「小豆島・内海町オリーブ振興特区」が認可され、「会社法人による貸付農地での営農許可」という特例措置が認められ、そこで企業によるオリーブ栽培が始まった。

（株）ヤマヒサではオリーブの自家栽培を始めて一八年になる。当初は、オリーブの実の新漬けやオリーブオイルの販売を目的としたが、木の特性から収穫の隔年変化がひどく、毎年の収穫量が大きく変動するため、農業経営としては難しい要素が多かった。また、オリーブは、実がつき始めるのに四～五年かかり、経営的収量を確保できるまで一〇年を要することから、その間の栽培管理費に対する投資が大きな負担となっていた。そこで、果実以外で年間を通じてコンスタントに収益を上げることをめざし、葉の利用を検討した。オリーブの葉にはポリフェノールなど健康にとって有効な成分が豊富に含まれていることを他の企業の研究から知ったことから、年三回収穫の可能な葉の利用を検討し、茶に加工することを研究した。その中で、さまざまなノウハウを蓄積し、〇四年と〇五年に二種類のオリーブ茶に関する製法特許を取得し、製茶機も自前で導入し本格的な生産体制を整えた。同社では、九件の知的財産権を取得し、販売において独自性を訴求するため、また権利の保護のため活用している（表3－1）。

町では、学校へのオリーブ植樹や、オリーブの街路樹化、オリーブ公園で苗を育て安価で配布するなど、行政が主導し積極的に「オ

表3－1　（株）ヤマヒサが取得したオリーブ茶に関する知的財産権

特　許	2004年10月「オリーブ茶のティーバッグおよびその製造方法」 2005年11月「オリーブ茶の製造方法およびその方法により製造されたオリーブ茶を主原料とする茶飲料の製造方法」
商標登録	2002年 4月「オリーブファーム」第30類 2002年 4月「オリーブ　マーニ」第30類 2002年10月「オリーブファーム」第29類（加工したオリーブ） 2002年12月「グリーンオリーブリーフ」第31類 2002年12月「グリーンオリーブリーフ」第32類 2002年12月「グリーンオリーブリーフ」第30類
意匠登録	2002年11月　包装用品

リーブの島づくり」を推進している。このように、官民上げての取り組みで一定の成果が上がり始めているが、一方で知的財産権の帰属の問題が浮かび上がってきた。オリーブの栽培や加工品について、行政の支援として研究開発が行われているが、そこで知的財産権の帰属の問題で微妙なケースが報告された。具体的には、県の試験場職員が（株）ヤマヒサを視察した後に、試験場独自の製法として、企業が開発していたお茶の製造工程に似たオリーブ発酵茶の特許が取得されたことである。同社でヒアリングを行った後、特許が取得されているところに疑問点が発生している。同社では、今後新商品としてオリーブ発酵茶（紅茶やウーロン茶）を発売する計画であるが、この特許に抵触するため、県に対してライセンス料を支払うことになる状況である。行政機関が、農産物特許を取得し、行政区単位などで囲い込みながら地域の特産品を開発する手法は今後大いに検討されてよいと考えるが、このような状況を目の当たりにすると、特許を取得する際の権利の帰属あるいは権利運用についてのルール確立の必要性を痛感する。

事例3　沖縄県名護市「ゴーヤを生かした商品開発による地域振興」

沖縄県名護市に本拠を構える（有）水耕八重岳は地域の「農家との共生」を理念に地域ブランド化、

写真３－２　偽物ゴーヤ茶通販記事

産業化を進めている。同社では沖縄の気候風土を生かした作物「ゴーヤ（ニガウリ）」に注目、お茶として加工（麦茶のように乾燥焙煎）し販売している。現在売上も六億円と順調に伸び、ゴーヤの通常平均価格が九〇円／キログラムのところ、一四〇円／同ほどで地域の農家から買い上げており、農家収入の向上にも貢献している。現在、県内で年間七〇〇〇トンほどのゴーヤ生産が行われている中、同社だけで七〇〇～八〇〇トンと一割ほどの買い上げが安定価格で行われている。ここでは、ゴーヤの多面的な利・活用技術の実用化を基本に、地域農家でゴーヤの栽培を行ってもらい、地元企業が原料を買い入れることで、夏季の買い上げ価格の安定につながり、また規格外品の活用という大きな課題がクリアされ、所得向上につながっている。同社にとってもゴーヤの需要拡大期に品薄による欠品を防ぎ、大量需要の確保につながる共生の関係をつくりあげている。

ここで、知的財産権についての問題や課題を取り上げる。第一に、（有）水耕八重岳では製造特許を国内だけでなく、中国、ベトナム、台湾など海外で取得しているにもかかわらず、偽物茶の輸入や国内販売が後を絶たない。**写真３－２**にあるようなゴーヤ茶の偽物が、インターネット販売だけで三〇〇件ほど確認されている。同社では対策を立てたいと考えているが、実際にベトナムや中国相手に訴訟を起こすリスクは高いとの判断（逆訴訟の問題と費用対効果）で手をこまねいている。実際には、入管において差し押さえは可能と思われるが、対策についての知識がなくそのままとなっている。この偽物の流通がもたらす弊害について、期待される売上の減少だけではなく、偽物の品質に問題があり、ゴーヤ茶そのものの評判を落とすのではないかと危惧している。

第二に、ゴーヤ茶製法の特許申請後、同社の従業員が個人名で特許申請を出していたことが判明した。そのため、この職員と権利の帰属について係争となった。企業側は、この特許は職務発明としてなされていたと考えていたことに対し、開発担当者は実務発明であると主張し、企業内で対立が起こった。結果的に示談により、一〇〇〇万円の和解金を支払うと同時に退職を促し収拾したが、企業にとっては、開発リスクをもちながら権利は個人に帰属するという構図に、疑問が投げかけられた。

第三に、（有）水耕八重岳では多くの技術開発を行っているが、新商品を開発し国際食品展などの展示商談会に出展すると、翌年には同類の物真似食品が氾濫するという現状がある。同社では、対抗措置として商標登録の申請を複数行っているが、あまり効果があるとはいえない状況である。

第四に、このような知的財産権に関する相談窓口や実務の窓口が地方には少なく、レベルも低いことが問題である。同社では、実際の特許申請について東京の弁理士事務所に依頼しているが、那覇の事務所ではスピードが遅く、対応も悪いとのことであった。また、上記の偽物に対する対抗措置などの相談を弁理士や弁護士にしたいと思っても窓口がなく、あるいはわからず困っているとのことである。このように、偽物の商品が出回ったとき、その対策を相談できる窓口がないことは今後の大きな課題である。とくに、国際特許や商標を取得しても、大量の偽物が出回るようでは経費などの負担ばかり大きくて意味がない。同時に、その偽物を販売する業者の多くは国内企業であり、とくに農林水産物に対する知的財産権についての意識向上を図る取り組みを国に強く要請したいと同社では考えている。

第五に、沖縄の柑橘類シークァーサーの偽物が多く出回っていたが、DNA判定でフィリピン産のものとの判別が国によってなされたことによって、沖縄での買入価格が三倍となって、農業者の保護がなされた事例がある。このような偽物を防ぐ体制整備を望む声が多くあがっている。

第六に、新商品を開発し販売する過程で、同社は大手企業からオファーを受け、実際に取引も始まったが、すぐに先方の都合で取引が打ち切られ、数十トンの原料在庫を抱え、大きな危機を迎えた。大量取引に備え、設備投資や商品在庫など大きなリスクをもって事業体制を整えたが、取引停止の影響で自社努力によって在庫に対する対応を余儀なくされた。同社のように、地域の「農業者との共生」すなわち地域の経済を全体で元気にしていくという経営方針で事業を実施している場合、経済原則だけで戦っていくことができない。このような、コミュニティービジネス的な要素を含んだ企業活動をどう支援するかという課題が浮かび上がってきた。

事例４　島根県旧桜江町「桑の葉による農業の六次産業化」

島根県江の川沿いの中山間地域、旧桜江町での取り組みである。この地域では、中山間地域での少子高齢化対策としてＩターン者の受け入れを積極的に進めてきており、この一〇年間で一〇〇世帯もの受け入れに成功した。

かつて養蚕はこの地域の主産業であったが、その桑畑が荒れ果て約三〇ヘクタールのほ場が捨てられていることに、Ｉターン者の一人古野俊彦氏が「もったいない」と感じ、新たな地域資源としての利活用を模索し、「桑茶」や「機能性食品の基剤」として商品化を実現させた。「付加価値を農産物に加えること」、「ないものをねだるのではなく、あるものを生かすこと」、「雇用の創出と同時に、地域の豊かさをつくること」を文字通り実践した。現在、古野氏が代表を務める「(有)桜江町桑茶生産組合、しまね有機ファーム(株)、有機の美郷(有)」のグループ三社によって、素材の生産、加工、開発、販売までの全てが営まれており、一次産業、二次産業、三次産業を組み合わせた「六次産業」化が実現している。二〇〇五年度の売上は約一億六〇〇〇万円、雇用総数約五〇名の産業となっており、直営が一四ヘクタール、契約栽培を入れるとグループ三社で七四ヘクタールのほ場で、桑や大麦若葉などの作物を栽培し、医薬品メーカーなどに機能性食品の原料などとして販売している。古野氏は、県内三〇〇ヘクタールまで作付を拡大することを目標に、契約栽培による機能性素材産地形成を視野に入れ事業を推進している。現在の売上を供給先別に分けると、約四〇%を日本粉末薬品などの製薬会社や食品会社への原料出荷が占めている。次いで相手先ブランド(OEM)による供給が三〇%である。これは、大手のお茶メーカー向けに桑茶などを生産し、相手先のブランド名を付与して納める取引である。残りが自社ブランド製品の生協などへの出荷販売であるが、そのうちの一〇%を占めている通販向けを今後拡大していくのが課題であると、同氏は考えている。自社のブランドを確立することによって、付加価値を高めたいとの考えである。

(有)桜江町桑茶生産組合グループにおいての知的財産権の利活用の中心には、機能性の高い高品質の食品供給地としての桜江町を、地域ブランドとして打ち出す戦略が隠されている。すなわち、「安全・

安心＝有機栽培」を基本に据え、安全性を意識した農業文化を打ち出し、他の市町村より高いイメージ力を付与する戦略をとっている。とくに、中山間地域である桜江町では、選択肢の多様な農業を行うことが経済的な豊かさにつながると同グループは考えており、安全な食品のイメージを中心に据えて事業が構築されている。たとえば、実際にこの地域の桑の葉に含まれるフラボノールの含有量が他地域産のものに比べ、数倍多いことがわかっており、日本動脈硬化学会で発表された「コレステロール低下に効果があった」などの情報が積極的に発信されている。

知的財産権については、一部商標権のみ取得されている。「桜江有機桑青汁」二九類と「保然力食品」三〇類が商標登録され、桑茶などに利用されている。また、桑茶などについての製法特許などは取得されず、地域団体商標登録について検討を始めた段階である。現在、他の地域との差別化を図ることを目的に、桑の機能性食品としての可能性を促進するため、ポリフェノールの「成分特許」を申請中である。このような共同研究の成果を活かし、桜江町の桑製品の知的財産権によるいっそうの付加価値向上、販売促進効果を官民一体となって狙っている。この点での今後の課題は、まず特許の帰属と権利の問題である。民間企業の生産する農業生産物、そこに県の試験場と大学が研究を支援している。このような枠組みで特許を出願した場合の権利の帰属について、事前にルールをつくっておく必要があると思われる。同時に、今後地域団体商標登録に向けて取り組みを検討しているが、仮に「桜江桑茶」などの地域団体商標が登録されたとしても、知的財産権を積極的に活用する販売・差別化戦略に対する知識や経験が乏しく、有効な活用手立てをあらかじめ立てられない状況である。おそらく地域のブランド化に対する方策を思案する地域ではどこも同様の悩みを抱えているのではないかと推測される。

3－2　地域ブランドと知的財産権

地域ブランドという呼称について、認識が共有化されていないのが現状である。「ブランド」すなわち消費者への有利な認知物として意識を築き上げる。そのための道具として知的財産権を有効に利・活用している事例は少ないのが現状である。地域ブランドと言った場合、現状ではほとんどが「物産の特産品化」を指している。しかし、本来は地域そのものの魅力の優位性をいかに構築するかが問われている。その上で、戦術的に地域団体商標などの知的財産制度を利用し、特産品などの開発を行うことが期待されている。地域で生産される農林水産物が、消費者にとって心理的に有利な差別化がなされた場合、当然販売においても有利であることは明らかであるが、現状の取り組みではこの知的財産に対する意識も低く、支援の態勢も脆弱である。

農林水産物のブランド化とは、「多種多様な同一品目の中で、他の商品との差別化を図ることによって違いを認識させ、優位性をつくりあげること」である。すなわち、ブランド化による成功とは、「消費者や見込み客の心の中に、他の商品とは明らかに違うという優位性をもたせること」である。多種多様な同一品目群において、人々の心の中に明らかに違うと思わせる「独自性」「特異性」を植えつけることがブランド化の本質であり、多くの自治体のブランド支援チームが行っている支援、すなわち「どんな名前をつけて、どんな広告をするか、あるいは販売促進支援を行うか」程度の認識では、到底人々の心に定着したブランドをつくりあげることは難しいであろう。ブランドとは信頼である。日本では古くから「のれん」という考え方があった。この「のれん」の考え方がブランドと近いと指摘できる。この「のれん」を守るため、知的財産権を最大限活用するということが現在求められている。

知的財産権を生かすといった場合、次のようなことが想定される。

①特許によって生産物を差別化し、類似商品から保護を行う。たとえば、農法の特許を利用することすなわち土壌や生育条件などを特定化し、再現性を担保することによって、諸外国で生産され安価に輸入される農産物などに対する対抗措置が可能である。そのうえ、○○地域のネギは甘くて柔らかいなどの慣習的に人々が伝えていた情報を、特許によってより客観的に具体化することができれば、その地域の商品の特異性を訴求できることになる。すなわち特許取得はブランド化において大きな役割を担うことが期待される。

②商標・意匠登録によって生産物の特異性が消費者に伝わることが想定される。代表的事例である「関アジ・関サバ」は、商標登録によって保護されている。この商標のついた商品は、実際のマーケットで同品目の商品に比較して約一〇倍の価格で取引されており、消費者にその特異性が植えつけられたときの効果をまざまざと見せてくれる。

③地域団体商標によって、地域の優位性や産物の特異性を訴求することが可能となる。商標権の本質は、認定された商標によってその名称を独占的に使用できるところにある。すなわち、その商標によってブランド化の維持を可能にする制度でもある。他の人が使えないということは、すなわち粗悪な模倣品に対して排除を促すことが可能になることでもある。この商標権には登録するためのいくつかの条件がある。これまでは、地名＋普通名詞の商標は認められてこなかった。たとえば「石垣島ラー油」という沖縄で人気の商品は、これまで商標登録が認められなかったため仮に石垣島以外の企業がこの名称で粗悪品を生産・販売しても指し止めするすべがなかった。地域団体商標制度が誕生し、これによって、「石垣島ラー油」や「和歌山ラーメン」などを地域団体商標として登録する道が開かれ、地元の生産者しかこの商品名を名乗れなくなった。このように、ブランドに対する厳しい維持管理体制が可能となったのが「地域団体商標制度」の本質である。

④上記のような制度に保護された知的財産権の利活用以外に、個別のライセンス契約によって積極的

に地域独自の農林水産物を保護することが可能である。すなわち、ブランド化においても重要な要件となる「一定の品質保証」を契約によって担保することが可能となる。品質基準をあらかじめ設定し、その基準以上の商品生産者にライセンス契約を認めることによって、その品質管理は可能となる。また、悪意の模倣を防ぐためにも知的財産権は積極的に活用されている。有名な事例では、「デジタルカメラ」は民間企業のもつ商標であったが、粗悪品が市場に出回ったときにのみ、その権利を行使し市場からの退場を促すために知的財産権が利活用された。すなわち、デジタルカメラの良好な市場形成、規模拡大のために取得された商標が活用され、悪意ある粗悪品による市場の信頼低下を防ぐために役立った。

3-3　地域ブランドの可能性

地域をブランド化するとは、ただ単純に特産品を開発するだけではなく、広い意味で地域の良さを消費者や見込み客の心の中に植えつけ、優位性や特異性をつくりあげることである。そのことによって、どのような効果が生まれるのだろうか。

①まず、特産品（買いたいもの）が生まれる。すなわち、経済的な効果が期待される特産品の開発につ

ながる。具体的な事例としては、「越前ガニ」や「松阪牛」、「石垣島ラー油」などである。これは、一度消費者の心の中に特異性をつくりあげることに成功すれば、その波及効果は大きなものと想定される。たとえば、偽物対策や粗悪品対策には絶大な効果が期待される。すなわち、諸外国から輸入される「松阪牛」は、消費者の心の中では明らかに偽物と認識され、購入につながらないと期待される。仮に購入されたとしてもその価値は低いものと推定される。このような、地域ブランドとしての特産品開発に、特許や地域団体商標の果たす役割は大きいと期待される。

②次に、地域ブランドの確立ができれば、その地域が消費者にとって「行きたいところ」となる可能性が高い。地域環境の優位なイメージが確立されるのである。実際、高知県の馬路村の特産品であるゆずを使ったポン酢は全国的に認知され売上も拡大しているが、その結果「馬路村に行ってみたい」という需要が全国に生まれ、現在受け入れ施設を建設中である。これは、馬路村が商品を売るのではなく「馬路村を売る」ということを戦略的に貫いてきた成果である。「いつか田舎に価値がある時代がやってくる」との信念から、「ごっくん馬路村」というわかりやすいキャッチフレーズを用い、「村を売る」という取り組みに継続的に取り組んできたことがこの成功につながった。

③最後に、地域ブランド確立により、その地域が「住みたいところ」となるのである。すなわち、社会的な優位性（よいところ、すなわち安全で住みやすく、文化などの優位性）が確立される可能性がある。

モノを購入するにあたっての人間の心理は、そのモノが帰属する世界のイメージに大きく左右されるものであり、「悪いイメージの企業より、良いイメージの企業からモノを買う」。例えば北海道の風景の代表の一つである「美瑛の丘」では、多くの観光客が毎年この地にやってくるが、この美しい地域にやってきた人達の心情として、これだけ美しいところで作られる農産物はおいしいのではないかと感じるようである。実際に、美瑛の農産物は他の地域のものより有利に取引されており、「美瑛の春まき小麦」の指名買いも発生している。すなわち、地域ブランド化を推進することによって、消費者や見込み客の心の中に有利な特異性を創出し、そのことによってモノを購入するだけではなく、行きたい・住みたいという新たな価値までもつくりあげることが期待されている。言い換えると、おいしいものがある、そして行ってみたい、最後に住んでみたいというような心を消費者に植えつけるよう戦略構築をし、取り組みを進める必要がある。

3-4　地域の未来のために

あらためて、地域ブランドとして成功するための要件を示す。第一に、その土地らしさを内在化させていること。すなわち、それぞれの地域のもっている「地域の個性」を発掘し、磨き、組み合わせることによって、地域ブランド化を推進することである。たとえば、事例4で示した旧桜江町での桑の葉は、江の川沿いの肥沃な土壌、鉄分などのミネラルによってフラボノイドなどの成分が、他の地域に比較して優位であることが明らかとなっている。このような優位性を、特許などの知的財産権によって権利化し、同時に地域団体商標などで保護することなどによって、消費者の心の中での「桜江町」の他地域との差別化が期待される。このような「地域の個性」を発掘することによって、強いブランド化を推進するための「コンセプト（考え方の骨子）」をつくることが可能となる。逆に言えば、地域の足元、個性を知らずして強いコンセプトは生まれない。そのための手法として、「地元学」などの「それぞれの地域にあるものを見つめ直し、個性を引き出す手法」が有効である。

成功するための第二の要件は、地域の個性をわかりやすく伝えることである。高知県の馬路村の「柚子ぽん」は、商品ではなく村を売るという戦略をとって成功した。そのキャッチフレーズ「ごっくん馬路村」は、「ごっくん」という柚子を飲むイメージを付与すると同時に馬路村に田舎らしさを感じさせる見事なコピーである。このような、消費者にわかりやすいイメージを形にできるかが重要である。

第三の要件は、その事業に関わる内部の人間が、「本当によい」と思わないことは伝わらないということである。地域ブランドを推進するにあたって、とくに「これは本当においしい」、「ここは本当によいところ」など、そのモノや場所に対して内部の人間が信頼を寄せていることが必須条件である。

最後に重要なことは、継続性である。せっかくのよいアイデアや商品があっても、運営体制や資金不足などから頓挫するケースが多くある。起業家にとって重要な資質の一つは、「忍耐やねばり」である。知的財産を生かし、「地域の個性」を見込み客に植えつけること。そのためには地道な努力が有効である。遠回りのようであるが、実はこれが地域の元気を作るいちばんの近道である。

第4章　知っていると便利な制度としくみ

正林真之（正林国際特許商標事務所所長）

4－1　弁理士のモチベーション

弁理士の使命

「知的財産」とは、事業活動上で役に立つ知的な創作活動の成果についてこれに経済的価値を認め、「財産」として捉えたものをいう。そして、この知的財産（知財）が無形の財産であるがゆえに他人の利用や模倣が容易であることに鑑み、一定の権利を与えたり不当な行為を規制して知財を保護し創作活動を促進させようというのが知的財産制度である。このように知的財産制度は、努力したものが努力した分だけ報われる、正直者がバカを見ないしくみづくりのための制度であり、この制度に則った知財創作活動の擁護が弁理士の使命といえる。

日本の農林水産物の認識

オーストラリアの弁護士と牛肉について話が及んだときである。日本人にとって「オージービーフ」といえば、海外牛肉の中でも品質管理がしっかりされたオーストラリアが誇る牛肉、というイメージがあるが、彼に言わせれば、日本の和牛には全然及ばないよ、ということだった。もちろん彼は仕事もプライベートも畜産とは全くの無関係だが、日本の霜降り牛肉などは畜産業が発達しているオーストラリアでもなかなかつくれないということを常識的知識としてもっているらしい。和牛肉がどうしてすばらしいかを長々と私たちに解説してくれた次第である。

この点、日本の現状はと言えば、和牛の遺伝資源が海外に流出し国内に逆輸入されて国内産業に影響を与えかねない、というような非常事態になってはじめて「これはわが国が世界に誇れる知財の一つではないか」、と認識が及んできたという状態ではないだろうか。このような事態になっているのは工業製品を中心に知財が考えられてきたという日本の国内事情にもよるだろうが、優れた肉質をもつ和牛は当然にして日本の畜産関係者の方々の長年の育種改良の努力によって生み出された貴重な知財であり、そう認識されるべきものである。そして和牛に限らず日本食材となる日本の各地域に存在する多数の農林水産物、そしてそれをつくり出すための技術、あるいはそれを利用して生産される加工品など、農林水産物をめぐる知財は顕在化していないとしても多数存在しているはずである。日本料理が世界的にその地位を確立していることに鑑みても、これをつくり出す日本食材において世界的に通用する知財が存在しているのは当然といってもいいだろう。今日、海外における知財の利用などをめぐってわが国の農林水産業や食品産業が脅かされる事態が生じてきていることは避けられない現実であり、知財を、そしてそれを生み出す各地域を、さらには日本をも守らなくてはならないのは必須の状況である。知財の専門家である弁理士はこのことについて当然に責任を負っているはずであり、現に日本全国の弁理士が所属する日本弁理士会なども農業知財に注目するようになってきている。

4-2　知的財産の種類と権利の取得方法

知的財産の種類

知財は知的財産法という法律により一括して保護されるものではなく、保護されるべき対象ごとに異なる法律によってそれぞれ保護される。このような知財は、大きく分けると技術的なアイデアである「知的創作物」と、事業活動に用いられる「営業上の標識」とがあり、保護する法律には特許法のよう

表４－１　知的財産の種類と法律

法律	保護対象	保護内容	権利期間	管轄官庁
特許法	発明 →物自体ではなく、それにくっついたアイデア	特許権という独占権付与	出願から20年	特許庁（経済産業省）
実用新案法	考案 →発明の簡易版(方法は不可)	実用新案権という独占権付与	出願から10年	特許庁（経済産業省）
意匠法	意匠 →物品のデザイン	意匠権という独占権付与	設定登録から15年	特許庁（経済産業省）
商標法	商標 →商品やサービスに付されたマーク	商標権という独占権付与	設定登録から10年 （更新可能）	特許庁（経済産業省）
種苗法	植物新品種	育成者権という独占権付与	品種登録から25年（永年性植物30年）	農林水産省
不正競争防止法	営業秘密→ノウハウや顧客リスト。著名な商品表示、商品形態	他人の不公正な行為の禁止	商品形態は発売から３年	経済産業省
著作権法	著作物 →思想、感情の創作的な表現	著作権という独占権付与	著作者の生存中から死後50年まで	文部科学省
商法、会社法	社名、商号等	不正の目的での他人の利用禁止	なし	法務省
半導体集積回路の回路配置に関する法律	半導体回路	回路配置利用権という独占権付与	設定登録から10年	経済産業省

に独占権を付与する権利付与タイプと、不正競争防止法や会社法のように特定の不公正な行為を規制するだけの行為規制タイプとがある（表4－1）。

農産品をめぐる知的財産権

以上述べたように知的財産に関する法は多岐にわたるが、農林水産物に関して特に関係深い法律といえばまずは植物の新品種を保護する育成者権について定める「種苗法」、それから動植物の新品種や品種改良の技術などを保護対象にできる「特許法」、そして、新しい創作物についてではなく一定の商品やサービスに使うマークについて保護する「商標法」がある。特に商標法は、改正により地域ブランドを保護するための地域団体商標制度が含まれ、その活用場面が急増している。また、このようなブランドを付すことができるパッケージのデザイン、あるいは農機具の形状を保護するものとして「意匠法」もある。この他、有名な名称をつけた農産品をまねたり、原産地表示や品質について誤認させる表示をした行為を規制する「不正競争防止法」も利用されている。

知的財産権の取得方法

①産業財産権：特許権、実用新案権、意匠権、商標権といった「産業財産権」は、特許庁に書類を提

出し審査において一定の要件を具備していると判断された場合に、登録料を納付して設定登録されることにより権利を取得できる。具体的には、誰よりも先に出願したかどうか、書類に不備はないかなどが審査され、加えてそれぞれの権利にふさわしい登録要件を満たしているかどうかが審査される。この登録要件は、特許法では新しく技術的に高度なものかどうかが、意匠法では新しく創作に困難性があるものかどうかが、商標法では先に紛らわしい商標が存在しておらず商標権を付与するのに不適切なものではないかどうかが、それぞれ審査される（実用新案法ではこの審査はない）。

②**育成者権**：新種の植物を育成した者が所定の書類や証拠を農林水産省に提出し審査で所定の登録要件を具備していると判断された場合に、登録料を納付して品種登録されることにより権利取得ができる。審査される登録要件とは、区別性、均一性、安定性、品種名称の適切性、未譲渡性のそれぞれの性質を満たしているものかどうかということである。

育成者権（種苗法）**と特許権**（特許法）

①**種苗法の弱点**：種苗法は実際に完成した品種そのものを保護するという「現物主義」を採用しており、現物が権利の範囲を確定することになる。このことは、現物が全ての基準となるということであり、権利行使する段階では自分の権利内容を相手方に伝えることさえ簡単ではない。また、侵害

と考えられる種苗が同一の特性を備えることを立証しなければならず、異なる特性をもっていてはならない。しかも、権利行使できるのは原則として種苗の段階だけで、収穫物や加工品が流通する段階では例外的に認められるにすぎない。これは流通段階が進むと関係者が急増し、無制限な権利行使を認めて市場混乱が生じるのを防ぐためであるが、権利者からすれば大問題である。

②特許法による保護のメリット：特許権の権利範囲は、現物ではなく出願時に提出された書類の「特許請求の範囲」の欄の記載内容によって確定される。このため、権利行使の場合にはその記載されている内容を相手方に示せば足りる。また、特許法では実際につくり出されたものから技術的思想として抽出されるものが保護対象となるため、たとえば植物の遺伝子情報なども保護対象となり得、特許権が付与された場合にはこの遺伝子を有する全ての植物に権利の効力が及ぶ。つまり、種苗法では異なる特性をもっているものに権利は及ばないが、特許法では権利範囲に定められた構成要件を備えていれば他の構成要件が加えられていても権利範囲に入る。また、特許法では新規植物について種苗法の保護対象である品種よりも上（科、属、種）の枠で包括的に権利取得が可能である。

4-3　弁理士からみた農林水産物の特許取得の可能性

特許性ある発明

種苗法の育成者権は新しい品種であれば権利を取得できるのに対し、特許法では単に新しいだけでは足りず、既存のものから容易に思いつくことができない技術的困難性（進歩性）が求められる。たとえば、ある植物と他の植物とを交配してもとの両植物の特性を有する植物をつくり出してもこの困難性は認められにくいが、もとの植物の特性からは予測もできない特性を備えているような場合には特許される可能性がある。また、発明は「創作物」であるため、以前から存在している天然物を認識しただけ、あるいは、変異体を見つけただけの「発見」とは区別される。この一方、人為的に特定種を単離してこれに特別の有用性を見出した場合など人為操作を施したものは発明として判断され得る。

このように、特許性のある発明かどうかは種々の要件を満たすかどうかにより判断されるのであるが、その対象や技術背景によって専門分野ごとの審査官によって個々に判断されるため、どのようなものが特許性ある発明であると一概に決めつけることはできない。ただ、どのようなものでも以下に述べるような書類の記載の仕方が審査の結果に大きく影響してくる。

①書面主義：特許法では出願手続および審査は全て書面で行われる「書面主義」というものを採用しており、審査官は提出された書類をもってしか判断できない。したがって発明の本質として求められる新規性、進歩性、創作性、といったことは書類の記載内容に表されるべきであり、記載の仕方を失敗すれば本来発明として保護されるべきものであっても権利化できない、ということになる。逆に記載によって上述したような特許性や創作性を示すことができるともいえる。

即ち、特許法は現物を対象としていないので、保護を求めるものが現物とそっくり同じである必要はなく、他の技術と比べて特許性がないと判断されるような場合でもたとえば数値や用途、範囲など一定の条件をつけて権利範囲を限定することにより特許性を出すようにできる場合もあるのである。また、書面には当業者が実施できる程度に発明の内容を記載しなければならない。この実施可能性は一〇〇％である必要はなく一％の可能性でもあれば足りるものではあるが、植物であれば再現性を確認できる程度まで十分に開示されることが求められることになる。

もちろんこのような書類は基本的に弁理士が作成するのだが、弁理士が書類中に発明の本質を明らかにすることができるよう、単に結果物ができたというだけでなく日々の工夫なども示すのが好ましい。たとえば、完成品にたどり着くにあたっては幾度とない試行錯誤があるはずであるが、その失敗例も技術の困難性を示すデータとなることがあり、これらを書面に表せるように弁理士には伝えてほしい。従って、このような場合に備え、日々の記録を残しておくのが好ましく、常日頃の心がけで特許取得の可能性はぐんと上がることになるといえるのである。

②発明の把握：実際に発明を生み出す現場に携わっている方と弁理士とは、技術の捉え方が異なることがある。当事者からすれば「当たり前」と思っているものも、弁理士の目からみれば実は特許性があるということが結構ある。たとえば栽培の管理技術などというのは個々人の生産者が毎日少しずつ工夫しているもので、このようなものまで発明になるのかという疑問もあるかもしれないが、本人にとっては当たり前でも他人にとっては到底思いつくようなものではないことがある。特許の対象となり得るものには、農産物の加工品、農機、農薬、遺伝子組み換え、植物の品種改良、栽培方法、魚の養殖方法、飼育方法、鮮度維持性を備えた運搬方法、農作物等の情報処理方法など多岐にわたり、発明になるかならないかということについては自己流に判断してしまうことは危険である。この点を念頭に書類を作成する弁理士と接していただければと思う。

4-4　農業知財のエキスパートはいるか

農業知財を守る弁理士はどこにいるのか？

個々の弁理士にはさまざまなバックグラウンドがあり、それに応じた得意分野をもっているが、農林水産分野が専門の弁理士、というのは残念ながらそんなに多くはないというのが現状である。現在の弁理士試験の科目においても、たとえば種苗法は含まれておらず、間接的に出題されることがあるにすぎない。ただ、弁理士というものは、特許に関していえばある具体的な発明品からその発明の本質を見出してアイデアを抽出し権利化する、ということを生業にしているのであり、農林水産関係の方から提示された発明品を基に権利化を図るべく書類を作成することは当然にできることである。従って、農林水産業のプロと弁理士とがしっかりと連携していけば農業知財の保護・育成は問題なく十分可能であろう。

なお、地方に所在する弁理士の数が少ないというのは事実であるが、交信手段が発達した現代において、しかも特許庁への手続がパソコンによるオンライン手続で行われるのが原則であることに鑑みれば、農業知財を擁護する弁理士はどこにでもいることになるだろう。この点、日本弁理士会や特許庁工業所有権相談所などを通じて探してもらうのも一策である。

異分野専門家の協働の必要性

①**技術課題の解決**：農林水産業の現場で生じている技術課題が工業的技術で解決できる場合があり農工連携によれば迅速な課題解決が図れることが期待できる。この意味でも普段は個別に活動している個人、加工品を製造する地域企業、ＮＰＯなどの団体、そして行政（国や関係機関）が連携していくことは有益である。このような連携は、たとえば企業や大学・研究機関との橋渡しがあればスムーズに進むとも考えられ、ＴＬＯなどの活用も有効であろう。ただ協働で発明などが完成した場合には権利取得にあたり関係が複雑になることがある。トラブルが起きないよう、最初の段階で権利者を誰にするのか決めておくなどの対策を講じておくのが好ましい。

②**流通**：農林水産物は種苗、収穫物、加工品と形状を変えて流通していくが、各段階において知財を保護する必要が出てくることもあるだろう。この点、地域特性に合わせた流通技術を確立し、生産から出荷、流通、市場に至るまでの総合的な知財管理の取り組みを行うことも有効である。また、産品普及のために全国規模の展示会や商談会、物産展への出展もあるかと思うが、新規性を失わないよう管理の徹底を図る体制構築も求められる。

③**金の卵の発掘**：生産現場においては重要視されていなかった産品のうち、実際には需要が高いもの

が存在している可能性は十分にある。かかる需要を認識するため、市場調査の専門家や行政が市場調査を行って市場特性などを把握し、それを生産現場に知らせるしくみづくりができれば、市場ニーズに即した知財を掘り起こすことができ、利益を生み出す確実性の高い知財の発掘ができるといえる。

④**水際取締り**：国内法令に抵触するものを税関で輸入規制することは海外侵害品により日本市場が荒らされるのを防止するために有効であるが、知財は法律違反であっても目に見える銃などのようにそれが明確ではない。このため、関税法に「認定手続」という特別の侵害判断手続が設けられている。この認定手続にあたり、少なくとも侵害品の陸揚げが予想される税関には、輸入差止めの申立てを行って自分の権利と侵害品の情報を事前に伝えておくことが必要である。ただ、農林水産物のような生鮮貨物には輸入差止めによる輸入者の損害の賠償を担保するために相当な金額の供託が申立人に原則求められ、しかもその日数は原則三日以内と他の貨物の一〇日より短期間である。また、侵害品であることを裏付ける意見や証拠の提出も生鮮貨物については認定手続の開始通知書の日付の翌日から三日以内にしなければならない、など、迅速な手続も求められる。このようなことに対応するため、書類の作成には弁護士や弁理士といった専門家、供託金に対しては地域や団体として対処するなど、協力関係をもった対応が必要といえる。

4－5　知的財産権を地域の元気につなげるには

①**差別化**：地域において保有する、あるいは埋没している知財について権利を取得した場合、消費者にとっては、この知財に関する産品購入の指針となり得、さらに消費者がこれを固定ブランドとして繰り返し購入するようになった場合には、一定数の需要が確保されて相場の影響を受けにくくなってくる。また、知的財産権の存在が付加価値として他地域産品との差別化につながれば、価格面において有利な取引条件とすることができ、過当な価格競争とは一線を画すこともできる。そして、将来的に生産が誘発されれば連動して雇用機会も誘発されてくるなど、地域での経済的波及効果をも期待できる。

②**宣伝**：近年は知財についての知識が消費者にまで浸透してきていることから、知財に関する権利を持っていること自体が宣伝や信頼を獲得する手段となり得、他には存在していないということを伝える手段ともなり得る。出願中や取得した権利について積極的にパッケージに載せるなどその事実を的確に伝えられるようにするのも一策である。

③**団体行動**：日本では農林水産業が家単位で行われているケースが非常に多いのが実情であるが、実

際に知的財産権の取得やその活用を各農家などが行うというのは困難である。このため、地域に存在する団体や協会の力、組合の力などを利用し、団体でできることはまずは団体の力でやり、メンバーがこれを利用するといった体制の確立はやはり有効であろう。地域団体商標の存在によりこのような動きがかなり進んできてはいるが、各農家の利益を守りながらも団体行動への道筋を強化していくしくみづくりは農業知財の保護に欠かせない一面である。

④**技術の継承**：今まではなんとなく受け継がれていたが、跡取りがいなかったり地域合併などにより、伝授されなくなるおそれのある技術などが少なからずあるはずである。このような技術につき特許権などを取得しておけば、その権利を譲り渡すことにより事業や技術が継続して受け継がれていくことが可能になり、地域にとって有効な知財の継続的な活用ができるようになる。

⑤**産品と地域自体の双方についてのブランドづくり**：地域ブランドには、特定の産物についてのブランド形成と、地域自体のブランド形成とがある。この点、「夕張メロン」の産地である夕張市のように、一産品のブランド化に成功したとしてもそれだけでは地域全体の活性化は難しいと言わざるを得ない。

もちろん一産品であっても地域活性化の一要因には十分なり得るはずであり、また、同じ地域であれば条件も似ていることからその成功例を踏襲するのは他地域より容易になるはずであろう。そして、成功例の踏襲方法が確立すれば、それ自体もその地域の貴重な知財となり得るだろう。さらに、各地域には地域の特性を生む人材や文化など広義の知財が存在しているはずであり、これらを集積し、加えて権利に裏打ちされたブランドの存在があればそれらの効果は相乗的なものとなり、魅力ある地域づくりに寄与することが期待できる。そしてこれが地域自体のブランド形成へとつながってくるだろう。このように、産品のブランドと地域自体のブランドとが結びつくようになれば、一産品のブランドだけに頼ることのない地域活性化が望めるようになる。

⑥**知財創造サイクルの確立**：ある知財を創造した個人や組織がさらに新たな知財を生み出していく意欲を起こすことができるように、知的財産権による利益が還元されるサイクルを確立する。これにより知財の創出が一時的ではなく継続的なものとなり、発展的な地域活性が望めるであろう。

第5章　農林水産物の知的財産権活用の課題と可能性

澁澤　栄・福井　隆・正林真之

5-1　まとめ

農法の情報化と競争力の強化

本書の論点を整理しておこう。

農林水産物は、「自然の恵みを拝借」する生業により産されるもので、長い間の人々の営みにより、地域独特の文化になっている。たとえば、「みそ汁」を知れば、「地域の味覚」の多様性に感心する人々も多いのではないかと思う。本書では、このような文化としての農林水産物は知的財産であると主張する。

本書では、農業知財を次のように定義した。

「農産物の原料や材料およびその製法と販売にかかわるすべての知識、技法、技術、さらにそのしくみの全体を対象とし、人間活動により新たに創造し付加された部分である。農業知財には、登録品種、商標、意匠、特許、ブランド、ＧＡＰ（Good Agricultural Practice：適性農業規範）などの農場管理に関わる各種認証のほか、営業秘密に相当する非公開の篤農技術なども含まれる」

農業知財を創造・維持・保護するしくみとして農法が存在している。農法を無視すると農業知財は管理できない。遺伝子組み換え菜種の裁判事件を思い出してほしい。農法は経営理念の実現のための処方箋であり、五大要素（作物、ほ場、技術、動機、地域システム）から構成されている。その農法を記録すると、プロトコル（作業規範）が明瞭になり、農法の情報化が実現される。その結果、育種遺伝情報、ほ場管理知識情報、流通環境情報、農場経営管理情報、という情報の類型化が起こり、情報の文脈化、すなわち知識マネジメントとして新しい農法のパラダイムが登場する。

とくに特許権の取得と行使は区別すべきであり、「誰が、誰のために、何をめざして」取得と行使を実行するのか明瞭にすべきである。その具体的な回答は、読者の豊かな創造力の中にあると確信している。

知的財産戦略と並行して語られるのが、競争力の強化である。農業の競争力とは、生産・流通・消費のプロセス全てを含む農産物の生産と供給のしくみの、総合力によって測られるべきである。小規模農業であっても、生産・流通・消費のしくみがむだなく組織され、品質と価格のバランスがよければ、国際市場で高い競争力をもつことができる。きっと本書の読者は、無謀なコスト削減のみを強調して、有能な人材や「知の蓄積」を廃棄する愚はしないことだろう。

地域ブランドの危機

地域ブランドとは、「地域の指紋」を根拠にして生み出されてきた生活文化とその産物が、市場で差別化され顧客獲得力が増大したものである。「地域の指紋」は、気候や気象、地形や土壌、植生や景観、水、そして風土など、その地域の自然と人々の交流実績を意味している。「地域の指紋」すなわち地域独自の個性を活かし、独自性を人々の心の中に植えつけることが「地域ブランド化」の本質である。

地域ブランド化は、その商品の世界だけに留まるものではなく、その地域の魅力を体現するものでもある。この「地域ブランド」が危機に瀕している。商品のレベルでは、特産品を無断で国内外に持ち出して製造販売する犯罪が多発している。監視の強化や法制度の整備は必要だが、即効性のある対応が強く求められている。そこに知的財産権の有効な主張のしかたがある。また、ブランド化という錦の御旗を信じて、多くの取り組みが始まっているが、国際市場で高い競争力をもつレベルへの専門性をもった取り組みがほとんどみられず、むしろ場当たり的で底の浅いブランド化の推進が危惧される。

所有知財の把握、制度の活用のために

知財は、地域の経済的発展、豊かな地域づくりにとても有効であることから、これを保護し、活用していけるよう、地域に既に有する知財あるいは知財となり得るものとして何があるのかをまずは把握し、これを保護するために知的財産制度に則って適切に管理、活用していく必要がある。そのためには分野を超えた関係者間の共通認識の構築、地域一丸となった取り組みが求められてくる。また、弁理士などの専門家、生産を行う直接的農林水産関係者から流通・販売を行うような間接的関係者まで知識を集結し、それを活用してより有効な保護や活用を図っていくようにしていくのが好ましい。

農業知財の番人が、いわば「農業弁理士」である。弁理士は、企業利益のため、知的財産権の取得や独占使用権の保護などを行う法律専門職である。法手続や過去の判例を根拠にし、法制度の新解釈などの武器を駆使して、新しい分野である農産物や農法の知的財産権を扱うことになる。それぞれ弁理士が得意とする専門分野があるが、農業を専門分野とする弁理士は少なく、ましてや農業知財を専門とする弁理士はさらに少ない。従って、農業知財を取得し運用する場合は、弁理士と農業専門職の協働作業にならざるを得ない。

また、知財はある対象について多重的に保護し得る。たとえば特許権とは別に種苗法による権利取得

が可能であり、植物の品種について育成権を取得しておく一方で、科などについて特許権を取得することができる。このようにすることで両制度によって相互補完的に保護を図ることもできる。このように同一のものについて複数の権利が同時に成立することができる多重構造的な知的財産制度の法制度は、多角的な視点をもって知財の戦略的活用をすることが効果的である。

消費者ニーズへの対応

近年の消費者の農林水産物に対する志向は、大量、安価なだけではなく、健康、安全、安心、あるいは本物や個性へのこだわりへと多様化し、刻々と変化してきている。安価なものを提供していくだけでは輸入品に対抗していくことは容易ではない。地域の特性を生かし、かつ知財に関する権利に裏打ちされた農林水産物として高い付加価値をもてるようになれば、消費者のさまざまな要望に応えられるようにもなり、市場における価格競争において異なる地位を有することが期待できる。

5-2　提言

取り組むべき課題

国内外の市場で商品として取引される農林水産物には、自然の恵みと人々の労働の成果が組み込まれている。とくに、農林水産物に対して、地域の特産品としての人々の知的活動が付加され、生産者や地域の人々が知的財産としての価値を認め、主張する場合は、正当に保護されなければならない。これは日本のみならず、アジア諸国も含めて、世界中の人々や企業、団体、自治体、政府が尊重しなければならない普遍の原理である。そのような機運を高め、しくみをつくりあげるために、対応する組織や団体そして専門家は、次の課題に取り組むべきである。

①**「ものづくり」思想の復権**：最も基本的な思想問題として、質の高い農業技術を維持し保護することに高い価値をおき、そのような人々を尊敬する感性や理性を広く定着させることである。荒唐無稽な精神主義と誤解するかもしれないので、あえて具体例をあげれば、優良な農場管理のしくみとプロトコルの克明な記録を推奨し標準化すること、その優良事例の表彰と、小中学校などの教育現場での表敬講演を組織することである。有能な農業者が事実と論理で人々の関心と感動を獲得する機会を、行政などが保障することである。

②**農業知財の分野融合研究の深化と交流拡大**：農法や農産物を対象にした知的財産権、すなわち農業知財は、本書で初めて考察したばかりで、その定義や対象および範囲がまだあいまいで未確定である。研究分野としては農学、工学、経営学、法学などの分野融合であり、今までには存在したこと

のない分野であることには間違いない。工業所有権あるいは知的財産権の外延として農業知財を取り扱うことが不都合であることは、本書でも指摘した。そこで、農学系研究成果促進ネットワーク（仮称）の設立（図5－1）により、実践的な研究交流と概念構築を急ぐべきであろう。

③農業知財の教育・啓蒙体制の強化：たとえば、「農業知財アドバイザー（仮称）」を自治体窓口に配置し、すべての農業者に農業知財の扱いについての理解を求めることである。農業知財に関する権利の取得と行使は問題が異なること、独占使用権の行使は「両刃の剣」であり、高度な知的判断が求められること、そして農業知財の取得と保護には、特許のみならず、さまざまな制度やしくみがあることを紹介することが大切である。決して特許の取得に集中してはいけない。とくに、農業改良普及組織は、農業知財の教育啓蒙に中心的役割を果たすべきである。

図5－1　農業知財の研究交流を促進する組織の提案例

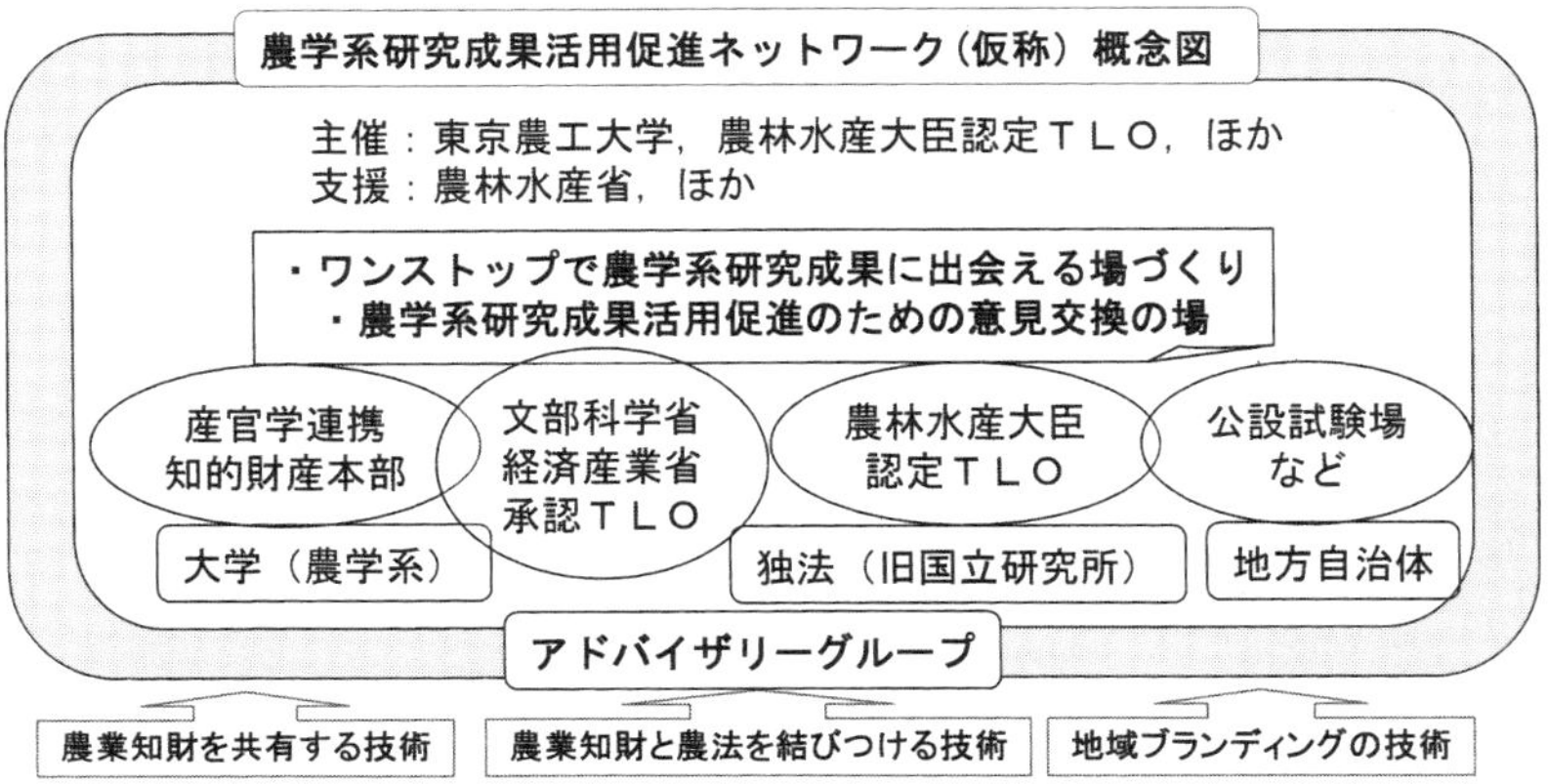

④**農業知財の取得と活用の行政支援促進プログラムの設定**：残念ながら、長年に及ぶ「工優農劣」の国策で、農業部門への資本蓄積は皆無であり、知的財産に投資能力のある農家や農業法人はほとんどない（この見解には異論が多いと思うが、ここでは議論しない）。二〇〇六年現在では、特許一件の申請費用が三〇万円（弁理士依頼）、通常、特許保護には三～五件の申請が必要であり、商標などを含めると二〇〇万円くらいになる。企業では、売上の多くて三％程度が知財部門への投資なので、一億円以上の売上をもつ農家でなければ特許申請を考えることができない。現実離れしていることがおわかりだろう。そこで、「農家の発明家」を優遇する知財取得支援プログラムの創設や、生産者を対象にした知財活用促進プログラム創設するなど、新産業創出の水先案内人を用意することが国策として必要なのである。

⑤**農林水産知財サービス産業の育成と全国標準化**：知的サービス産業は首都圏に集中する傾向があり、競争力のある弁理士事務所の分布も首都圏に集中する傾向がみられる。しかし、重要な視点は、農林水産分野の知財サービスの顧客やユーザーである農林水産業者は全国津々浦々に分散しており、彼らの身近にサービス拠点を設置し、全国標準の知財サービスが受けられる必要がある。また、最終商品の露出における意匠や販売促進などの知的ノウハウについても従来から大都市圏にそのノウハウが集中していることが指摘されてきた。しかし、今後の農林水産物の知的財産権の利活用のあ

り方を考えると、地域固有の個性を活かすことが重要となる。そのため、ソフト的な職能技術者（デザイナーなど）の地域理解力を養う必要がでてきた。今後は、大都市圏に集中するソフト技術者の地方への分散が必要となり、その育成が課題となっている。

⑥**ネットワークの構築**：地域内においてネットワークの構築が必要であることは上述したとおりであるが、地域の中だけでなく他地域との地域間ネットワークが構築できれば、より大規模な知財活用が可能になり、相互発展が期待できる。たとえば、他の地域で生み出された知財が何らかの理由によりその地域には適さなくても他の地域には適するかもしれない。このような場合に知財を貸し出す、あるいは譲渡するなどの知財活用をすれば金銭的な利益を生み出す要因ともできるだろう。そしてこのような活動がさらに広がれば日本全体にネットワークが確立され、地域知財が日本の農林水産業の発達に貢献する道筋ができることにもなる。知財に対して地域を超えたネットワークを構築できるよう、情報交換や交流を図っていくなどしていくことにより、それぞれの地域の魅力的な価値ある知財が相乗的な効果を生み出す可能性が広がるだろう。

⑦**選択と集中**：地域におけるあらゆる分野、領域で知財活用の成功事例をつくり出すのは理想であるが、地域内での限られた財源や人員の中では限界があり、地域における迅速な知財による経済活性化を望むのであれば知財について選択と集中を行って保護していくのもやむを得ない。より確実性

があるものやすぐに利益に結びつくものなど、他の施策との関係も考慮しつつその地域における重点分野を決定し、これに特化して効果的な助成を行うなど、ともかく成功事例をつくり出して知財保護への意欲を生み出す起爆剤とするのも一策である。そしてそれからこの成功事例に基づいて別の新たな成功事例を生み出していくように連鎖的に成功事例をつくり出すことができるよう、創造サイクルの構築へと発展していけば好ましい。

⑧**法整備**：種苗法や関税法など、時代の流れや外国の動向に応じて関連法律は年々改正されてきている。しかしながら、実際に利用する段階においてはまだ不十分な部分も多々ある。たとえば種苗法でいえば、特許法のような無効審判制度がなく審査ミスで権利化されてしまったような場合には農林水産大臣による職権取り消しがなければ権利者として権利行使ができてしまうなど、知財の利用がより活性化されたときには大問題となってしまうような不備もある。関係法制度の一層の整備、そしてその普及啓発など、地方自治体も含めた行政のさらなる取り組みが求められている。

⑨**知財への長期的取り組み**：知財の保護というのは基本的には将来のキャッシュフローを生み出すためのものである。したがってある程度の長期的視野をもって辛抱強く、腰をすえて行っていかなければならない一面がある。この間、輸入品、あるいは他地域との熾烈な競争の中におかれている農林水産業者にとっては、苛立たしくむだに感じることも多いはずである。これに対し、やはり地域

内の関係者全体の知識や意識の共有を図り、相互に支えあい、あるいは強力なリーダーシップをもって統率していくなどの地域一丸となった取り組みが必要である。また地域合併などが繰り返されている実情もあり、そのような事態になっても知財の保護や活用が損われたりしないよう、より大きな規模で管理、指導、誘導してゆく役目が、地域、そして行政や地方自治体に必要となってくるだろう。

⑩**農業知財の権利違反や不当行為に対する監視と罰則の強化**：あえて補足すれば、生産者・流通業者・小売業者が節度をもって商売すること、ルールを破れば、古いコミュニティのしきたりを破って、司直の手に委ねることを覚悟することである。もう一つは、公設市場や流通業者あるいは税関における監視の強化を推進することである。司法による法制度の改善と行政による監視強化、必要ならば新立法の制定など、三権の組織の協力が必要な課題でもある。

⑪**農林水産省知的財産戦略本部**：長い年月をかけて築き上げた地域の特産品には、人々の生活様式や価値意識がその中に組み込まれている。グローバル化した農産物市場の中で、またＷＴＯやＦＴＡなどの国家間取引の中で、日本の高度な農業知財がどう扱われるかは、地域問題と同時に国際問題となる。農林水産省知的財産戦略本部の仕事は日本農業のカタチを決める。よろしくお願いしたいものである。

《著者紹介》

澁澤　栄（しぶさわ・さかえ）

東京農工大学大学院共生科学技術研究院　生存科学研究拠点　教授（農学博士）

1976年北海道大学農学部卒。1981年京都大学大学院農学研究科博士課程中退。1984年深耕ロータリ耕うんの研究で京都大学より農学博士。石川県農業短期大学助手、北海道大学農学部助手、島根大学農学部助教授、東京農工大学農学部助教授を経て現職。著書に『精密農業』（朝倉書店、2006）など。

福井　隆（ふくい・たかし）

東京農工大学大学院生物システム応用科学府客員教授、地域生存支援有限責任事業組合組合員、ＮＰＯ法人えがおつなげて理事、流通コンサルタント「リーフワーク」代表。

正林　真之（しょうばやし・まさゆき）

弁理士。正林国際特許商標事務所所長。2007年度弁理士会副会長。東京理科大学理学部応用化学科卒業。1990年～97年特許事務所勤務後、1998年正林国際特許事務所設立。化学を中心に機械、電気、ソフトウェアビジネスモデルの分野にも専門分野を拡げ、最近は訴訟、海外関係等にも得意分野を拡大している。1996～2005年度日本弁理士会機関紙「パテント」編集責任者。主な著書に『弁理士の仕事がわかる本』（法学書院、2006）など。

生存科学シリーズ 5
地域の生存と農業知財

２００７年3月２０日　初版発行　　　定価（本体１，０００円＋税）

著　者　　澁澤　栄／福井　隆／正林真之
企　画　　澁澤　栄
編　集　　東京農工大学 生存科学研究拠点
発行人　　武内英晴
発行所　　公人の友社
〒112-0002　東京都文京区小石川５－２６－８
ＴＥＬ０３－３８１１－５７０１
ＦＡＸ０３－３８１１－５７９５
Ｅメール koujin@alpha.ocn.ne.jp
http://www.e-asu.com/koujin/
印刷所　　倉敷印刷株式会社
表紙装画　堀尾正靭

公人の友社のブックレット一覧
（07.3.28現在）

シリーズ「生存科学」
（東京農工大学生存科学研究拠点 企画・編集）

No.2
再生可能エネルギーで地域がかがやく
—地産地消型エネルギー技術—
秋澤淳・長坂研・堀尾正靭・小林久著
1,100円

No.4
地域の生存と社会的企業
—イギリスと日本とのひかくをとおして—
柏雅之・白石克孝・重藤さわ子
1,200円

No.5
地域の生存と農業知財
澁澤　栄／福井　隆／正林真之
1,000円

No.6
風の人・土の人
—地域の生存とＮＰＯ—
千賀裕太郎・白石克孝・柏雅之・福井隆・飯島博・曽根原久司・関原剛
1,400円

「地方自治ジャーナル」ブックレット

No.2
政策課題研究の研修マニュアル
首都圏政策研究・研修研究会
1,359円［品切れ］

No.3
使い捨ての熱帯林
熱帯雨林保護法律家リーグ　971円

No.4
自治体職員世直し志士論
村瀬誠　971円

No.5
行政と企業は文化支援で何ができるか
日本文化行政研究会　1,166円

No.7
パブリックアート入門
竹田直樹　1,166円［品切れ］

No.8
市民的公共と自治
今井照　1,166円［品切れ］

No.9
ボランティアを始める前に
佐野章二　777円

No.10
自治体職員の能力
自治体職員能力研究会　971円

No.11
パブリックアートは幸せか
山岡義典　1,166円

No.12
市民がになう自治体公務
パートタイム公務員論研究会
1,359円

No.13
行政改革を考える
山梨学院大学行政研究センター
1,166円

No.14
上流文化圏からの挑戦
山梨学院大学行政研究センター
1,166円

No.15
市民自治と直接民主制
高寄昇三　951円

No.16
議会と議員立法
上田章・五十嵐敬喜　1,600円

No.17
分権段階の自治体と政策法務
松下圭一他　1,456円

No.18
地方分権と補助金改革
高寄昇三　1,200円

No.19
分権化時代の広域行政
山梨学院大学行政研究センター
1,200円

No.20
あなたのまちの学級編成と地方分権
田嶋義介　1,200円

No.21
自治体も倒産する
加藤良重　1,000円

No.22
ボランティア活動の進展と自治体の役割
山梨学院大学行政研究センター
1,200円

No.23
新版・2時間で学べる「介護保険」
加藤良重　800円

No.24
男女平等社会の実現と自治体の役割
山梨学院大学行政研究センター
1,200円

No.25
市民がつくる東京の環境・公害条例
市民案をつくる会　1,000円

No.26
東京都の「外形標準課税」はなぜ正当なのか
青木宗明・神田誠司　1,000円

No.27
少子高齢化社会における福祉のあり方
山梨学院大学行政研究センター
1,200円

No.28
財政再建団体
橋本行史　1,000円［品切れ］

No.29
交付税の解体と再編成
高寄昇三　1,000円

No.30
町村議会の活性化
山梨学院大学行政研究センター
1,200円

No.31
地方分権と法定外税
外川伸一　800円

No.32
東京都銀行税判決と課税自主権
高寄昇三　1,000円

No.33
都市型社会と防衛論争
松下圭一　900円

No.34
中心市街地の活性化に向けて
山梨学院大学行政研究センター
1,200円

No.35
自治体企業会計導入の戦略
高寄昇三　1,100円

No.36
行政基本条例の理論と実際
神原勝・佐藤克廣・辻道雅宣
1,100円

No.37
市民文化と自治体文化戦略
松下圭一　800円

No.38
まちづくりの新たな潮流
山梨学院大学行政研究センター
1,200円

No.39
ディスカッション・三重の改革
中村征之・大森彌　1,200円

No.40
政務調査費
宮沢昭夫　1,200円

No.41
市民自治の制度開発の課題
山梨学院大学行政研究センター
1,100円

No.42
自治体破たん・「夕張ショック」の本質
橋本行史　1,200円

No.43
分権改革と政治改革
～自分史として
西尾勝　1,200円

No.44
自治体人材育成の着眼点
浦野秀一・井澤壽美子・野田邦弘・西村浩・三関浩司・杉谷知也・坂口正治・田中富雄　1,200円

「地方自治土曜講座」ブックレット

《平成7年度》

No.1
現代自治の条件と課題
神原勝　［品切れ］

No.2
自治体の政策研究
森啓　600円

No.3
現代政治と地方分権
山口二郎　［品切れ］

No.4
行政手続と市民参加
畠山武道　［品切れ］

No.5
成熟型社会の地方自治像
間島正秀　［品切れ］

No.6
自治体法務とは何か
木佐茂男　［品切れ］

No.7
自治と参加アメリカの事例から
佐藤克廣　［品切れ］

No.8
政策開発の現場から
小林　勝彦・大石和也・川村喜芳
［品切れ］

《平成8年度》

No.9
まちづくり・国づくり
五十嵐広三・西尾六七　［品切れ］

No.10
自治体デモクラシーと政策形成
山口二郎　［品切れ］

No.11
自治体理論とは何か
森啓　［品切れ］

No.12
池田サマーセミナーから
間島正秀・福士明・田口晃［品切れ］

No.13
憲法と地方自治
中村睦男・佐藤克廣　［品切れ］

No.14
まちづくりの現場から
斎藤外一・宮嶋望　［品切れ］

No.15
環境問題と当事者
畠山武道・相内俊一　［品切れ］

No.16
情報化時代とまちづくり
千葉純・笹谷幸一 ［品切れ］

No.17
市民自治の制度開発
神原勝 ［品切れ］

《平成9年度》

No.18
行政の文化化
森啓 ［品切れ］

No.19
政策法学と条例
阿倍泰隆 ［品切れ］

No.20
政策法務と自治体
岡田行雄 ［品切れ］

No.21
分権時代の自治体経営
北良治・佐藤克廣・大久保尚孝
［品切れ］

No.22
地方分権推進委員会勧告と
これからの地方自治
西尾勝 500円

No.23
産業廃棄物と法
畠山武道 ［品切れ］

No.25
自治体の施策原価と事業別予算
小口進一 600円

No.26
地方分権と地方財政
横山純一 ［品切れ］

《平成10年度》

No.27
比較してみる地方自治
田口晃・山口二郎 ［品切れ］

No.28
議会改革とまちづくり
森啓 400円

No.29
自治の課題とこれから
逢坂誠二 ［品切れ］

No.30
内発的発展による地域産業の
振興
保母武彦 ［品切れ］

No.31
地域の産業をどう育てるか
金井一頼 600円

No.32
金融改革と地方自治体
宮脇淳 600円

No.33
ローカルデモクラシーの統治
能力
山口二郎 400円

No.34
政策立案過程への「戦略計画」
手法の導入
佐藤克廣 ［品切れ］

No.35
98サマーセミナーから
「変革の時」の自治を考える
神原昭子・磯田憲一・大和田建太郎
［品切れ］

No.36
地方自治のシステム改革
辻山幸宣 ［品切れ］

No.37
分権時代の政策法務
礒崎初仁 ［品切れ］

No.38
地方分権と法解釈の自治
兼子仁 ［品切れ］

No.39
市民的自治思想の基礎
今井弘道 500円

No.40
自治基本条例への展望
辻道雅宣 ［品切れ］

No.41
少子高齢社会と自治体の福祉
法務
加藤良重 400円

《平成11年度》

No.42
改革の主体は現場にあり
山田孝夫 900円

No.43
自治と分権の政治学
鳴海正泰 1,100円

No.44
公共政策と住民参加
宮本憲一 1,100円

No.45
農業を基軸としたまちづくり
小林康雄 800円

No.46
これからの北海道農業とまち
づくり
篠田久雄 800円

No.47
自治の中に自治を求めて
佐藤 守 1,000円

No.48
介護保険は何を変えるのか
池田省三 1,100円

No.49
介護保険と広域連合
大西幸雄 1,000円

No.50
自治体職員の政策水準
森啓 1,100円

No.51
分権型社会と条例づくり
篠原 一 1,000円

No.52
自治体における政策評価の課題
佐藤克廣 1,000円

No.53
小さな町の議員と自治体
室崎正之 900円

No.54
地方自治を実現するために法が果たすべきこと
木佐茂男 ［未刊］

No.55
改正地方自治法とアカウンタビリティ
鈴木庸夫 1,200円

No.56
財政運営と公会計制度
宮脇淳 1,100円

No.57
自治体職員の意識改革を如何にして進めるか
林嘉男 1,000円

《平成12年度》

No.59
環境自治体とＩＳＯ
畠山武道 700円

No.60
転型期自治体の発想と手法
松下圭一 900円

No.61
分権の可能性
スコットランドと北海道
山口二郎 600円

No.62
機能重視型政策の分析過程と財務情報
宮脇淳 800円

No.63
自治体の広域連携
佐藤克廣 900円

No.64
分権時代における地域経営
見野全 700円

No.65
町村合併は住民自治の区域の変更である。
森啓 800円

No.66
自治体学のすすめ
田村明 900円

No.67
市民・行政・議会のパートナーシップを目指して
松山哲男 700円

No.69
新地方自治法と自治体の自立
井川博 900円

No.70
分権型社会の地方財政
神野直彦 1,000円

No.71
自然と共生した町づくり
宮崎県・綾町
森山喜代香 700円

No.72
情報共有と自治体改革
ニセコ町からの報告
片山健也 1,000円

《平成13年度》

No.73
地域民主主義の活性化と自治体改革
山口二郎 600円

No.74
分権は市民への権限委譲
上原公子 1,000円

No.75
今、なぜ合併か
瀬戸亀男 800円

No.76
市町村合併をめぐる状況分析
小西砂千夫 800円

No.78
ポスト公共事業社会と自治体政策
五十嵐敬喜 800円

No.80
自治体人事政策の改革
森啓 800円

《平成14年度》

No.82
地域通貨と地域自治
西部忠 900円

No.83
北海道経済の戦略と戦術
宮脇淳 800円

No.84
地域おこしを考える視点
矢作弘 700円

No.87
北海道行政基本条例論
神原勝 1,100円

No.90
「協働」の思想と体制
森啓 800円

No.91
協働のまちづくり
三鷹市の様々な取組みから
秋元政三 700円

《平成15年度》

No.92
シビル・ミニマム再考
ベンチマークとマニフェスト
松下圭一 900円

No.93
市町村合併の財政論
高木健二 800円

No.95
市町村行政改革の方向性
～ガバナンスとＮＰＭのあいだ
佐藤克廣 800円

No.96
創造都市と日本社会の再生
佐々木雅幸 800円

No.97
地方政治の活性化と地域政策
山口二郎　800円

No.98
多治見市の政策策定と政策実行
西寺雅也　800円

No.99
自治体の政策形成力
森啓　700円

《平成16年度》

No.100
自治体再構築の市民戦略
松下圭一　900円

No.101
維持可能な社会と自治
～『公害』から『地球環境』へ
宮本憲一　900円

No.102
道州制の論点と北海道
佐藤克廣　1,000円

No.103
自治体基本条例の理論と方法
神原勝　1,100円

No.104
働き方で地域を変える
～フィンランド福祉国家の取り組み
山田眞知子　800円

《平成17年度》

No.107
公共をめぐる攻防
～市民的公共性を考える
樽見弘紀　600円

No.108
三位一体改革と自治体財政
岡本全勝・山本邦彦・北良治・逢坂誠二・川村喜芳　1,000円

No.109
連合自治の可能性を求めて
サマーセミナー in 奈井江
松岡市郎・堀則文・三本英司・佐藤克廣・砂川敏文・北　良治　他
1,000円

No.110
「市町村合併」の次は「道州制」か
高橋彦芳・北良治・脇紀美夫・碓井直樹・森啓　1,000円

No.111
コミュニティビジネスと建設帰農
松本懿・佐藤　吉彦・橋場利夫・山北博明・飯野政一・神原勝
1,000円

《平成18年度》

No.112
「小さな政府」論とはなにか
牧野富夫［3月下旬刊行予定］

No.113
栗山町発・議会基本条例
橋場利勝・神原勝　1,200円

No.114
北海道の先進事例に学ぶ
安斎保・宮谷内留雄・見野全氏・佐藤克廣・神原勝　1,000円

TAJIMI CITY ブックレット

No.2
転型期の自治体計画づくり
松下圭一　1,000円

No.3
これからの行政活動と財政
西尾勝　1,000円

No.4
構造改革時代の手続的公正と第２次分権改革
手続的公正の心理学から
鈴木庸夫　1,000円

No.5
自治基本条例はなぜ必要か
辻山幸宣　1,000円

No.6
自治のかたち法務のすがた
政策法務の構造と考え方
天野巡一　1,100円

No.7
自治体再構築における
行政組織と職員の将来像
今井照　1,100円

No.8
持続可能な地域社会のデザイン
植田和弘　1,000円

No.9
政策財務の考え方
加藤良重　1,000円

No.10
市場化テストをいかに導入すべきか　～市民と行政
竹下譲　1,000円

朝日カルチャーセンター 地方自治講座ブックレット

No.1
自治体経営と政策評価
山本清　1,000円

No.2
ガバメント・ガバナンスと行政評価システム
星野芳昭　1,000円

No.4
政策法務は地方自治の柱づくり
辻山幸宣　1,000円

No.5
政策法務がゆく
北村喜宣　1,000円

政策・法務基礎シリーズ
—東京都市町村職員研修所編

No.1
これだけは知っておきたい
自治立法の基礎
600円

No.2
これだけは知っておきたい
政策法務の基礎
800円

地域ガバナンスシステム・シリーズ
（龍谷大学地域人材・公共政策開発システム
オープン・リサーチ・センター企画・編集）

No.1
地域人材を育てる自治体研修改革
土山希美枝　900円

No.2
公共政策教育と認証評価システム—日米の現状と課題—
坂本勝　編著　1,100円

No.3
暮らしに根ざした心地良いまち
野呂昭彦・逢坂誠二・関原剛・
吉本哲郎・白石克孝・堀尾正靭
1,100円

都市政策フォーラムブックレット
（首都大学東京・都市教養学部
都市政策コース　企画）

No.1
「新しい公共」と新たな支え合いの創造へ—多摩市の挑戦—
首都大学東京・都市政策コース
900円